LAND OF WONDROUS COLD

极地竞赛

19 世纪南极开发史

The Race to Discover Antarctica and
Unlock the Secrets of Its Ice

[澳]
吉伦·达西·伍德
（Gillen D'Arcy Wood）
—— 著 ——

赵昱辉
—— 译 ——

中国科学技术出版社
·北 京·

Land of Wondrous Cold: The Race to Discover Antarctica and Unlock the Secrets of Its Ice by Gillen D'Arcy Wood, ISBN: 9780691229041

Copyright © 2020 by Princeton University Press

All rights reserved. No part of this book may be reproduced or transmitted in any form or by any means, electronic or mechanical, including photocopying, recording or by any information storage and retrieval system, without permission in writing from the Publisher.

Simplified Chinese translation copyright © 2024 by China Science and Technology Press Co., Ltd.

北京市版权局著作权合同登记 图字：01-2023-3214

图书在版编目（CIP）数据

极地竞赛：19 世纪南极开发史 /（澳）吉伦·达西·伍德（Gillen D'Arcy Wood）著；赵昱辉译 . —北京：中国科学技术出版社，2024.3

书名原文：Land of Wondrous Cold: The Race to Discover Antarctica and Unlock the Secrets of Its Ice

ISBN 978-7-5236-0431-1

Ⅰ . ①极… Ⅱ . ①吉… ②赵… Ⅲ . ①南极—通俗读物 Ⅳ . ① P941.61-49

中国国家版本馆 CIP 数据核字（2024）第 039797 号

地图审图号：GS 京（2023）1475 号

策划编辑	刘　畅　宋竹青	责任编辑	刘　畅
封面设计	今亮新声	版式设计	蚂蚁设计
责任校对	张晓莉	责任印制	李晓霖

出　　版	中国科学技术出版社
发　　行	中国科学技术出版社有限公司发行部
地　　址	北京市海淀区中关村南大街 16 号
邮　　编	100081
发行电话	010-62173865
传　　真	010-62173081
网　　址	http://www.cspbooks.com.cn

开　　本	880mm×1230mm　1/32
字　　数	217 千字
印　　张	9
版　　次	2024 年 3 月第 1 版
印　　次	2024 年 3 月第 1 次印刷
印　　刷	北京盛通印刷股份有限公司
书　　号	ISBN 978-7-5236-0431-1 / P·233
定　　价	69.00 元

（凡购买本社图书，如有缺页、倒页、脱页者，本社发行部负责调换）

致我在南半球的朋友和家人
——写作这本书未尝不是一种归乡

然后便来了雪与雾，
天气奇寒，冰冷刺骨；
船桅高的冰山掠过，
绿如翡翠，世间独殊。
——塞缪尔·泰勒·柯勒律治（Samuel Taylor Coleridge）

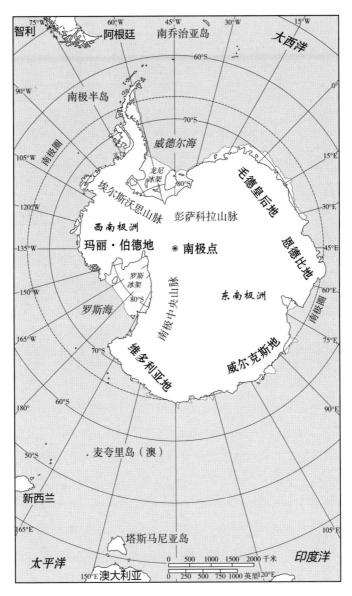

多山的东南极洲是南极大陆的主要构成部分，而西南极洲和南极半岛地势较低，更容易受冰川融化的影响。[1]

————————

① 本书插图系原文原图。——编者注

关于计量单位的说明

　　英制单位和公制单位之间的文本转换反映了两种文化和两个时间段，后者也是本书关注的重点。站在 19 世纪探险家的角度写作时，我使用了维多利亚时代的词汇，并且默认如此。我在借鉴有关南极洲的现代科学文献时，则使用公制单位。

目录

引言　冰川地球

南极洲每年会迎来 4 万名游客，更有数百万人通过自然纪录片来关注这个冰冻大陆与其周边的海洋，还有在这里生活的魅力非凡的野生动物，观看企鹅、海豹和鲸鱼如何在它们最喜欢的觅食地活动。每年南半球的夏天（从 12 月到 2 月），会有数百名科学家申请科研经费来到南极洲。在这个面积相当于美国和墨西哥国土面积之和的大陆上，分布有超过 80 个科学考察站，搭乘飞机或船方能到达。这些科考站承载着各类科学研究任务，涉及极地地质学、冰川学、海洋微生物学和古气候学等学科。虽然南极洲远离所有的人类居住地，但人类对这片大陆的关注和探寻却从未停止。

虽然人们对南极洲很感兴趣，但对于这片大陆，人们既有夸张，又有误解。比如，在很多人看来，"未知的南方大陆"（Terra Australis Incognita）是在 20 世纪初（也就是所谓的极地探险的"英雄时代"）发现的，与之伴随的是英国的"坚忍远征"（Endurance Expedition）；在谁先到达南极点这个问题上，人们普遍认为，罗伯特·斯科特船长（Robert Scott）和他的手下不但被罗尔德·阿蒙森（Roald Amundsen）抢先一步，而且从南极点返回时不幸惨死。事实上，南极大陆的发现比 20 世纪初要早 70 年，在维多利亚女王加冕后的前几年就开始了三个国家的南极竞赛。本书要讲述的正是这些被遗忘的 19 世纪的探险故事，以及那片几乎将它们完全湮没的广阔的冰雪王国。

目前，全球变暖，南极洲冰川边缘融化，本书也在诉说我们的焦虑。若想了解南极气候变化的漫长历史，需要将多个互补的时间框架交织在一起。1840—1841 年，当维多利亚时代的极地探险家聚集在南半球高纬度地区时，他们发现了一片多山的冰原，在这里，空间似乎没有尽头，时间如同静止。一个多世纪后，他们的科学家后辈在国际海洋钻探计划（Ocean Drilling Program，简称 ODP）的支持下到达了同一个南极海岸，最终，在数百万年前塑造现代地球的极端气候剧变中，他们确定了这个大陆大小的冰盖的起源。这是 20 世纪后期的一项突破性深海研究，它揭示了南极洲如何依靠非凡的制冷效果成为调节全球温度的恒温器，将地球温度调整到适合人类生存的范围。

快进到现在，壮观的南极冰川发挥的作用可能发生逆转，这也吸引了全世界的关注。目前，可能使全球海平面上升 200 英尺（60 米）的水量就被封锁在南极洲高耸的冰盖中。即使这个冰川帝国只有一小部分融化，现代世界伟大的港口城市也会沉没在复苏的浪潮之下。世界上数以百万计的海岛和沿海居民正生活在海平面上升的威胁之中。随着南极洲再次在人类历史中扮演核心角色，本书讲述了我们与白色大陆的气候之间的完整历史——包括过去、现在和未来。

2017 年 1 月，我去往南极洲的方式效仿了 19 世纪的探险家——乘船。我在南半球长大，我所生活的温带海岸在很久以前属于互相连接的南极大陆和澳大利亚大陆。但是，像大多数澳大利亚人一样，我从小就坚定地面向北方长大。在美国当了十多年环境方面的作家之后，我的思绪才转向南极探索和极地气候。正如维多利亚时代的航海者所经历的那样，我们在南极半岛海岸外遇到一大片浮冰。在我看来，这片无边无际的白色平原完全是一片陌生的土地，不可能与人类利益产生交集。

　　对于一位作家来说，在南极洲的冰川海岸以及白雪皑皑的山脉面前，最艰巨的挑战莫过于无人染指的空白。像维多利亚时代的人一样，大部分时间我都被限制在船上，在那片由陡峭的冰崖支撑的无尽海岸旁，我们无处停泊。当我日复一日地从冰冷的甲板上凝视着纯净如一的景色时，空白页的比喻浮现眼前：了然可见，又空无一物。幸运的是，当我们准备在南极洲度过最后一天时，我们终于在罗斯海（Ross Sea）北缘的岩石海角上收获了一些值得写在信中的东西。

　　位于阿德米勒尔蒂山脉（Admiralty Mountains）之下的阿代尔角（Cape Adare）通常是一个充满危险冰层的风暴区。1841年1月，詹姆斯·罗斯船长和英国探险船"幽冥"号（Erebus）、"惊恐"号（Terror）的船员们从塔斯马尼亚岛（Tasmania）向南航行，当他们第一眼看到南极大陆时，他们目瞪口呆。他们谨慎地与悬崖保持了距离，因为悬崖之下波涛汹涌。不过在我们停留期间，整个海湾呈现出一种迷人的蓝色和平静。在海滩（这也是南极洲的稀有之物）上，世界上最大的阿德利企鹅（Adélie penguin）栖息地欢迎着我们的到来，十分上镜的幼崽正在蜕羽，准备迎接自己的首次下海。海滩上还留有一间探险者小屋，其历史可以追溯到1898—1899年"英雄时代"的开始阶段，当时一个名叫卡斯滕·博尔赫格雷文克（Carsten Borchgrevink）的挪威人代表大英帝国建立了一个陆上团队，目标是成为第一批在南极洲越冬的人。这些第二代极地冒险者成功了，但处境悲惨，偶尔还会有反叛情绪。探险科学家死了，尸骨就被埋在企鹅的栖息地。

　　对现代的南极游客来说，这段历史似乎并没有这么大的吸引力。我们可以乘坐直升机在这里探索，向北穿过海湾，阿德米勒尔蒂山脉耸立着，周围布满了冰川，展现出一种难以言喻的壮丽。当我们在冰川山谷中飞行，掠过冰河时，这片冰冻大陆的物理维度对我来说变得触手可及。如果一个山谷里有这么多的冰，你也许就可以相信南极洲（一个比美国还大的大陆上）储存着世界上 70% 的淡水，这些淡水被封存在冰川中，向内陆延伸至上千英里，横跨如沙丘般绵延不绝的高原。

回到船的甲板上，我看着直升机转向南部的山脉，期望在某个时刻能够看到飞行员向上拉升以避免撞到悬崖。但还没等我看到这精妙的操作，直升机就从我的视野中消失了。在那一刻，我对维多利亚时代的人产生了一种全新的亲切感，南极洲干燥无尘的空气使得物体比它们看起来所处的位置更远，当时的人们也被这样的现象所迷惑。南极洲的宏伟壮观（这是在那里能获得的真正启示）因此变得不那么抽象了。

对于我们这样的船上团队来说，在阿代尔角的岸上待一天真可谓是上天恩赐。企鹅、冰川和探险家小屋给我们提供了无限的拍照素材，而直升机飞行拍摄则堪比高端的"照片墙"[1]。为了给这美好的一天锦上添花，一对在船上相遇相知的年轻夫妇在海滩上举行了婚礼，主持人是随船医生，现场见证的宾客则是一群穿着天然燕尾服的企鹅。最重要的是，对于我这个打算撰写一本关于南极洲的书籍的作者来说，阿代尔角帮我完成了至关重要的指引性比喻：绕过大片浮冰和空无一物的冰封悬崖花了我们几周的时间，这也将代表我所讲述的南极冰原的悠久历史，而在阿代尔角海滩上精彩纷呈的一天则代表了第一批探险者在人类尺度层面的冒险故事，他们将与我的冰川故事交织在一起。

---

[1] 国外一款以图片分享为主的社交媒体软件。——译者注

对于维多利亚时代的探索者以及大批现代游客来说，南极洲看起来仍是原始的，永恒不变。但它长达数英里的冰川只是一个伪装，仿佛是这个变化着的世界中的一个静止点。然而，它们是流动的，数百万年来，它们消退又出现，在运动中改变了地球的气候和生物圈。今天，南极洲的部分地区是地球上升温最快的地区。但是，如果南极洲不是天真的游客眼中永恒不变的完美存在，那么随着时间的推移，它发生了多大的变化？又是什么时候开始变化的？

在闷热的白垩纪，一颗陨石的到来突然终结了整个时期以及当时"巨型蜥蜴"[①]的生命，因此，在我们星球的历史上，持续升温幅度最大的时期是始新世（Eocene epoch）早期，它开始于5400万年前，并持续了600万年——也就是所谓的"温室地球"，或者用官方术语来说，始新世早期气候最温暖的时期。在温室地球上，南极海岸生长着各种喜温的棕榈树和开花的常青植物，让人想起现在的新几内亚，而热带雨林的林冠和茂密的蕨类植物也延伸到了更深的内陆和海拔更高的地方。尽管南极洲位于目前所处的纬度附近，但它在每年50天的极夜中依旧能设法维持其温室植物的生存。大气中的高碳含量水平和南半球冬季温和的温度使森林生态系统能够在极夜环境下持续运转。作为一座大陆大小的冰屋，没有任何景观能像现在的南极洲一样，一切都显得格格不入——荒凉、冰冻、狂风肆虐。

1972年，美国的阿波罗17号在太空执行任务时，首次绘制了地球和月球之间的路径，为观察现代被冰川覆盖的南极洲提供

---

① 指各种恐龙以及与恐龙同时代的巨型海洋生物，如海王龙等。——译者注

了清晰的视角。当时，一张标志性的照片（在距离地球 18000 英里①的地方拍摄）突出展示了南极冰盖在我们星球当前地理中的主导地位。我们的世界是一个冰川世界，有一个狭窄的热带，较高的纬度和海拔被冰所覆盖（全球平均温度可能无法反映冰室条件，原因在于我们目前正处于一个短暂的间冰期，而这由地球在太阳系中的轨道位置决定）。阿波罗 17 号拍摄的图像（也是历史上被复制次数最多的图像之一）被称为"蓝色弹珠"（Blue Marble）。不过，在地球两极分布着标志性的白色"遮阳篷"，考虑到这一点，"冰川地球"这个名字也很合适。

地球是宜居的现代星球，在这个"蓝色弹珠"的形成过程中，南极洲的冰川发挥了决定性作用。从 20 世纪 70 年代开始，在南冰洋（Southern Ocean）②底部钻探得到的沉积物岩芯揭示了白色大陆的深层气候历史，尤其是它从温室到冰室的关键性转变。首先，在始新世中期，澳大利亚大陆脱离了与南极洲的连接，开始向北漂流，在其南部形成了一片寒冷的、环绕地球的海洋。然后，3400 万年前，地球上最剧烈的气候变化是始新世末期的标志，当时一颗小行星使恐龙完全灭绝。南极洲从古老的冈瓦那大陆（Gondwanan）温暖的怀抱中分离出来，逐渐从一片拥有森林、沼泽和海滩并充满异国情调的潮湿土地变成了一座几乎没有陆地生命的冰山堡垒。与此同时，世界上的火山衰退，大气中的二氧化碳含量降低，地球温度进一步降低了 5℃甚至更多。

---

① 1 英里约等于 1609.344 米。——编者注

② 南冰洋也叫南大洋或南极海，是围绕南极洲的海洋。国际水文地理组织于 2000 年确定其为一个独立的大洋，但海洋学家对此仍存在争议。——编者注

年代地层表

代	纪		世（和Ma①）		
新生代	第四纪		全新世	0.01	
			更新世		晚期
					中期
				2.54	早期
	第三纪	新第三纪	上新世		晚期
				5.33	早期
			中新世		晚期
					中期
				23.03	早期
		早第三纪	渐新世		晚期
				33.09	早期
			始新世		晚期
					中期
				55.8	早期
			古新世		晚期
					中期
				65.5	早期
中生代	白垩纪		晚期	99.0	
			早期	144	
	侏罗纪		晚期	159	
			中期	180	
			早期	206	
	三叠纪		晚期	227	
			中期	242	
			早期	248	

---

① 地质学单位，即 10 的 6 次方年。——译者注

在始新世气候最温暖的时期，当时的地球正经历温室条件。之后，世界普遍降温，在大约 3400 万年前的始新世到渐新世过渡期，气温骤降。

这种非同寻常的温度下降（加之新的环极地南冰洋的动力）改变了世界的温暖特性。当时全球范围内的过冷事件摧毁了全球的动植物，从西欧到亚洲大草原，茂密的森林变成平原草地的情况比比皆是，导致整个古代野生哺乳动物族群都濒临灭绝。从太空拍摄的延时照片中可以清楚地看到，一个冰盖从孤零零的白色斑点膨胀成一只托起星球的冰冷大手。

从始新世的温室到渐新世的冰川覆盖，这种转变非常突然，超过一半的温度变化发生在 5 万年内。对一颗 450 亿岁的星球来说，这就像一个人某一天早上在被汗浸湿的床单中醒来，当晚却要裹着毯子瑟瑟发抖。地球气候的急剧恶化意味着很多温室生物的灭绝，同时为耐寒物种建立新秩序打开了大门——这也是我们人类的前身。

在气候剧变期间，灵长类动物的整体生活领域急剧缩小，但在非洲，由于喜温的物种抛弃了自己的栖息地，所以作为人类祖先的类人猿得以在这些竞争对手的家园中繁衍生息。一种新的哺乳动物区系也在此时出现——一些明显作为现代人类附属的动物，包括马、狗和反刍类动物，我们奉行机会主义的祖先后来将其驯化。对人类有益的植物（包括现代抗寒谷物的前身，以及牛会吃的草）也是在 3400 万年前出现的，而那时刚好是南极洲的第一个冰冻时代。

科学家们用各种毫无诗意的名字来称呼它：始新世－渐新世过渡期（Eocene Oligocene Transition），Oi-1 冰川期（Oi-1 Glaciation），或者稍能令人满意的称呼，"La Grand Coupure"，意为"大突变"

（Big Break）。如果搭乘时光机回到 3500 万年前，即"大突变"之前，你会发现一场动物区系盛会，里面的动物难以辨别，大气中的二氧化碳含量高达百万分之几千①。不久之后，你就会被一只巨大的史前鸟类或老鼠吃掉。现在再来到 3300 万年前，当你从时光机中走出去，一个陌生的世界映入你的眼帘，你会误以为来到了另一个世界，但其实不是。最重要的是，这时的大气环境非常适合生物生存：二氧化碳浓度已从始新世的高点下降到现在的水平。如果顺利的话，这是一个你可能会居住的星球。从长远的角度看来，"大突变"是我们的重大突破。本书讲述了"大突变"的故事，也即南极洲原始冰川及其引发的全球变革的故事，而视角则是来自一群受人尊敬的人类受益者，他们便是维多利亚时代的南极探险家和追随他们的航路的现代冰川科学家。

在南极洲的故事中，若将维多利亚时代的探险家称为"后来者"，这显然是一种非常保守的看法。作为一个独立的大陆，南极洲已有 3400 万年的历史，而我们人类的祖先在 6 万年前才冒险走出非洲。这个剧情似曾相识。富含硬木的森林为擅长使用工具的人类提供了建造船只的原材料，不久之后，这些船就出现在了全球各地：首先是太平洋的波利尼西亚人，然后是大西洋彼岸的欧洲人。海洋运输将世界各大洲及其偏远的岛屿都纳入殖民的范围之内——只有一个例外，便是这个冰冻的大陆。

随后，在不到 2 个世纪前，鲸油、海豹皮和不为人知的宝藏吸引了来自英国、法国和美国的船只前往南极冒险。1838—1842 年的南极探险任务相当于 19 世纪的阿波罗登月计划——二

---

① 2019 年，全球发布的二氧化碳浓度水平为百万分之 410，科学家称此数值就已经逼近安全"红线"了。——译者注

者都有可能从未发生过。[①] 最初，一些家境优沃的商人和科学家提出了一个理想化的设想，后来，这个想法滚雪球般地引发了一场事关国家荣誉的全面竞争：一场通往南极的竞赛。法国派出了无与伦比的太平洋航海家迪蒙·迪尔维尔（Dumont D'Urville），英国则选择了其资深的北极航海家詹姆斯·罗斯（James Clark Ross）来和法国竞争。与此同时，尚无知名探险家的美国把宝押在了一位名叫查尔斯·威尔克斯（Charles Wilkes）的人身上，他本是一位毫无经验的测量员，后来一位著名的小说家称呼他为"亚哈船长"（Captain Ahab）。[②]

1838—1842 年，三个国家的探险航行是人类第一次正式的南极探险。但是，在另一种意义上，它们也是最后一次南极探险。这些维多利亚时代的探险家身上有一种爱丽丝的白兔的气质，他们在与历史的约会中迟到了。[③] 到了 19 世纪 30 年代后期，始于哥伦布和麦哲伦时代、已有 400 年历史的欧洲航海探索开始走向终结。

罗伯特·斯科特、欧内斯特·沙克尔顿（Ernest Shackleton）和罗尔德·阿蒙森在 20 世纪初期的英雄事迹，早已使维多利亚时代探索南极的非凡历史黯然失色。在"英雄时代"那些被人不断传颂的故事中，斯科特船长在残酷的极地荒野背景下展示出了

---

① 关于美国的阿波罗登月计划是否真的成功实施，一直存在争议，很多人至今认为拍摄的照片系伪造。——译者注

② 此处指的是赫尔曼·梅尔维尔的小说《白鲸》，亚哈船长是小说中的人物。后文亦有提及。——译者注

③ "爱丽丝的白兔"指的是《爱丽丝梦游仙境》中的白兔先生，他永远在担心迟到，永远在赶时间，正是他将爱丽丝引入兔子洞，来让爱丽丝完成自己的使命。——译者注

远超生命的伟大，而沙克尔顿则凭借人类意志的力量跨越了一艘破碎的船和积冰带来的障碍。但阿蒙森更值得称赞，因为他知道公众对维多利亚时代海上航行的视若无睹是一种嘲弄和歪曲，于是，他在1914年写道："当今很少有人能够正确地欣赏这些英雄事迹，这是人类勇气和毅力的无上证明……这些人直接驶入了浮冰的中心，以往的所有探险者都认为这将必死无疑。这些人是英雄——最高意义上的英雄。"

在斯科特及其部下完成爱德华时代的壮举之后的一个世纪，维多利亚时代的转折点又来了。第一代南极探险家（迪尔维尔、威尔克斯和罗斯）可怜地蜷缩在他们的木制帆船中，敬畏地屈服于极地的景象。在气候焦虑的时代，他们正是我们需要的探险家。正如维多利亚时代的人所了解的那样，倘若想要感受名望（以及时间和空间）的空虚，没有比南极洲的镜中世界①更好的地方了。在极寒之地，就像爱丽丝的白兔一样，他们的船从浩瀚的时空织网——一个名为"未知的南方大陆"中穿梭而过。他们在南极洲的经历与我们今天的认知更加接近，那就是与大陆运动和气候这样大规模的行星运动相比，人类的英雄主义微不足道。

为了进一步探讨这一点，在我讲述维多利亚时代的探索之旅时，探险者本身不会扮演过于重要的角色，就像舞台上处于聚光灯下的演员一样。相反，我的目标是调整焦距，让人类和自然以适当的比例聚焦。我会讲述南极洲第一次被冰覆盖的故事（其冰盖的起源），以及数百万年后人类第一次遇到这种改变世界的现象。因此，一边是一个关于冰川和气候变化的极富科学意味

---

① Looking-glass，出自《爱丽丝梦游仙境》的姊妹篇《爱丽丝镜中奇遇记》。——译者注

的故事，另一边是一个以南极洲海域为背景的更传统的探索故事，而本书将二者交织在一起——不可否认的一点是，这是一种不同寻常的融合。倘若你在结构层面发现任何与《白鲸》(*Moby Dick*) 的相似之处，那都是我有意为之。

本书的中心角色自始至终都是南极洲，1838—1842 年的极地探险家（包括他们的雄心壮志、遭受的苦难和令他们惊讶不已的观察）是这段南极历史的镜头，而非主题。本书并没有详细描述每次探险的完整故事（已经有不少人出色地完成了这方面的工作），而是再现了关键性的故事情节，将这些探险故事与现代极地研究，以及我们目前对南极洲历史上并不稳定的冰川的理解联系起来。由于人类面临全球变暖、冰川融化和海平面上升带来的威胁，所以今日的极地科学正在蓬勃发展。长期以来，在关于南极的研究中，维多利亚时代对"英雄时代"的贡献一直未得到重视。他们在域外国度历经了极端的痛苦，从而获得了极地标本、观测结果并绘制了相关的图表。他们创造了传奇的探险故事，可是故事讲述者却将其完全掩盖。

由于对南极洲的探索本质上是一次神话般的海上冒险（向南推进，超越已知世界），所以我的叙述是按照空间而非时间安排的。从被风吹过的亚南极群岛（Sub-Antarctic Island）开始，本书的每一部分都将带我们去到更远的南方，朝着难以捉摸的极点，深入兔子洞，"越奇越怪，越奇越怪"①。相比之下，时间是有弹性的——有时我可能会在一个句子中跨越亿万年，有时又会将时间缩短，可能一整页都在讲述 19 世纪 40 年代人类探索南极洲

---

① 出自《爱丽丝梦游仙境》中的名句 "curiouser and curiouser"。——译者注

时的一个小故事，而这个故事仅仅发生在 1 小时中。所以，请各位读者随心所欲地加速或减速。

在这个故事中，南极发现者并没有成就丰功伟业。面对这片完全不适合人类居住并且违背探险惯例的陌生土地，维多利亚时代的人没有进行任何有意义的征服，或者为了炫耀而插上旗帜。相反，他们仿佛是典型的慢条斯理的游客，以今天无法实现的观察速度理解着南极的环境。他们将发现，南极洲讲述的故事远比任何一个探险家的经历都要宏大——实际上，比人类本身还要宏大。

甚至大多数极地科学家也会忘记的一点是，维多利亚时代的探险船——英国的"幽冥"号和"惊恐"号，法国的"星盘"号（Astrolabe）和"信女"号①（Zélée），以及美国的旗舰"温森斯"号（Vincennes）——带来了有史以来第一批进行冒险航行的人类，他们出于科学探究的目的进入并穿越南极浮冰。他们的发现让自己都感到困惑、着迷和恐惧。他们绘制了并不明确的海岸线，勾勒了冰川的形状，收集了微小的海洋生物和巨大的海鸟，汇集了天气数据，监测了寒冷对他们本就痛苦的身体造成的影响，还对南冰洋的洋流进行了理论分析。他们的集体成就最终促成了 19 世纪最具纪念意义的地理发现：罗斯冰架（Ross Ice Shelf），一个与法国国土面积大小相当的白色高原，位于地球上最南端的活火山下方，从南极西部的蓝色极地水域中陡然而起。作为代价，探险者们几乎无一存活（在大多数情况下）。

"南极"既代表了一片大陆，也代表了一片海洋，同时也是人类极限中难以言喻的一个概念。它是海豹、鸟类和最具有代

---

① 这种译法参考了《海底两万里》。——译者注

表性的动物——企鹅的聚集地，但没有原住民。对于我们人类来说，南极洲不是家园，而是一个充满科学和想象力的跋涉之地。180年前，来自英国、法国和美国的帆船冲破了环绕最后一个未被发现的大陆的常年浮冰带。他们进入了一个充满敌意的冰川王国，3000万年前它的形成塑造了我们所居住的星球，同时还有这个星球上的气候、洋流和生物。现在，对派遣这些船只的人类文明来说，当南极洲融化的冰盖威胁到人类生存的底线条件时，雪与雾之地再次向我们招手。在本书中，我们与南极洲的邂逅始于维多利亚时代坚定但被遗忘的冰封之人。

第一部分
一切伊始

第一章　加入竞赛

1837 年 9 月 6 日上午，载着 160 名船员的两艘护卫舰 "星盘" 号和 "信女" 号组成了法国南极探险队，从土伦（Toulon）的白色悬崖下开启了发现之旅。各大报纸随即断言，迪蒙·迪尔维尔的远征将注定失败。搭载着船员家属的小船队跟在这两艘轻型护卫舰旁边，行进中仿佛也带着一股伤感。船员们的母亲和妻子毫不掩饰自己的悲伤，后面的事件证明，她们完全有理由悲伤。3 年后，当迪尔维尔一瘸一拐地回到土伦时，他手下的船员有四分之一已经死亡或逃走。他自己也深受打击，不久便离开人世。迪尔维尔的这次探险比斯科特船长早了 70 年，而人类对南极洲的第一次探索就这样以惨败而告终。

与此同时，在美国华盛顿特区，法国在南冰洋的雄心壮志（以及迪蒙·迪尔维尔那令人钦佩的经历）给杰克逊政府留下了深刻的印象。19 世纪 30 年代，美国开疆拓土的重心仍然在海洋上，而非西部。大量书籍记录了迪尔维尔于 1828—1829 年搭乘 "星盘" 号在太平洋上的探险之旅，当时的美国总统安德鲁·杰克逊翻阅这些书籍，顿时便被书中那细致精美的插图和迪尔维尔的英勇事迹所吸引。他随即宣布，美国将发起一场更大规模的探险活动，用像迪尔维尔那般的科学奇迹来为自己正名。当时的时间是 1836 年。然而，两年后，随着杰克逊从白宫卸任，美国的探险考察船仍然停滞在弗吉尼亚州汉普（Hampton）的港口之中，成为海军委员会内部斗争和无所作为的牺牲品。

1837 年 6 月，巴黎的各大报纸向全世界宣告了法国的探险考察之旅。第二年夏天，美国指挥官查尔斯·威尔克斯终于下令美国南极科考中队启程，而就在出发的几天前，令美国人倍感沮丧的消息传来：迪尔维尔已经到达南美洲的南端——火地岛（Tierra del Fuego），并继续向南进发。在合恩角（Cape Horn）附近的一座小山上，迪尔维尔将他的计划写在了一张便签上，然后留在了当地那个世界上最孤独的邮箱里。后来，一位新英格兰捕鲸船船长在那里发现了这张便签，并尽职尽责地将它带回了波士顿。美国人非常沮丧，因为他们最先宣布了自己探索南极的雄心壮志，而现在，他们在进度上落后了法国人整整一年。

但无论美国人对迪尔维尔抢占先机感到如何的痛苦不堪，都无法与 1838 年夏天（维多利亚女王加冕后的第一个夏天）在伦敦弥漫的绝望无助相比。当时，在探索南极的问题上，英国这个世界超级大国的管理者们面临着被法国以及后来居上的美国超越的耻辱。长期以来，以一位名叫爱德华·萨宾（Edward Sabine）的陆军工程师为首的英国科学家们一直在推动发起一项南极科考任务，希望能够完成对地球磁场的绘制。但萨宾一直无法让女王陛下的内阁注意到这份异想天开的计划，更不用说把它送上首相的办公桌了。

迪尔维尔和威尔克斯探险考察的消息改变了这一切。1838 年 11 月，在年轻的女王和她的第一位首相——墨尔本勋爵（Lord Melbourne）[1] 面前，"南极探险"终于成了白金汉宫内紧急讨论的议题。随后，女王和首相与财政大臣会面。接着，10 万英镑突然获批，用于资助皇家探险队探索未知的南极大陆，这种速度让人难以置信。很多人认为，作为世界上顶级的海上强国，英国在

---

① 指威廉·兰姆，第二代墨尔本子爵。——译者注

任何海洋事业中与法国和美国竞争都有辱自己的身份。但现实就是如此，他们被卷入了探索南极的竞赛。开弓没有回头箭，英国海军部派出了他们最好的船只——破冰船"幽冥"号和"惊恐"号，并让真正的极地英雄、著名的地磁北极发现者詹姆斯·罗斯来担任指挥官。

即使是英国的统治者也无法让时间慢下来。在前往南极竞赛的"兔子洞"中，罗斯处于最后一位。1839 年 10 月，罗斯到达了非洲海岸外、位于亚热带的马德拉岛（Madeira）。他的船员们爬上了岛上著名的山峰，一起欣赏大西洋的景色，并四处寻找一座小型的石头金字塔——那是他们的竞争对手威尔克斯留下的堆石界标。美国人留下的纸条被山羊吃掉了，但"幽冥"号的船员从当地人那里得知，威尔克斯计划在夏天向南航行。由于南极的海冰每年只消退 3 个月（从 12 月到次年 2 月），所以在当时那个季节，英国人是无法去往南极的。虽然不是他自己的过错，但罗斯已经认识到，自己比美国人落后了 1 年，比法国人落后了 2 年。失败的阴云笼罩着他和他的探险队。回顾他在马德拉岛的选择，当时罗斯决定冒险前往他能到达的最南端，从那一年的情况看，这个地方将是印度洋的亚南极水域——可能是地球上最偏远的锚地凯尔盖朗岛（Kerguelen Island）。在那里，他将踏上漫长的东行之旅，前往澳大利亚的霍巴特港（Hobart），这样便能获取关于法国人和美国人动向的情报，从而计划以任何必要的方式超越他们。

早在 1837 年春天，路易·菲利普国王（King Louis-Philippe）就批准了迪蒙·迪尔维尔对南极海域进行第三次探险远征的请求，这让后者感到十分惊讶。但这位著名探险家的喜悦并没有持续太久，因为国王陛下规定，在为期 3 年的航行中，迪尔维尔的任务包括：在英国人和美国人之前在南极插上法国国旗，并为苦苦挣扎的法国捕鲸船开辟新的捕鲸场。迪尔维尔非常沮丧。他羡慕那些英国的极地探险家，包括詹姆斯·库克（James Cook）、爱德华·帕里（Edward Parry）和詹姆斯·罗斯，至于他自己，则需要在热带地区待3年，而只能在冰上待2个月。

已故的迪蒙·迪尔维尔的肖像画（1846年），作者是杰罗姆·科特利尔（Jerome Cortellier）。
来源：凡尔赛宫大皇宫。

没有人知道南纬74度以南的地方是什么：一片开阔的海洋，充满了闻所未闻的生物的大陆，也许是一个巨大的深渊？成年之后，迪尔维尔一直热衷于科学和冒险，但他从未将这个谜团视为他要解决的问题。他听从了他心目中的英雄——詹姆斯·库克的话，60年前，库克在南极冰原前停下脚步，并宣称这是一个没有人愿意进入的恐怖之地。

为什么要去南极？又为什么是现在？他猜测，国王一直在读两位著名捕鲸人——英国人詹姆斯·威德尔（James Weddell）和美国人本杰明·莫雷尔（Benjamin Morrell）所写的冒险故事。这两位作者都提出了一个诱人的愿景，即建立一个海洋通道，连通两个极点、热带、让库克望而却步的浮冰带及其以南的处女地，那里有大量的鲸鱼和海豹。

为了给这次航行做好准备，迪尔维尔去到伦敦，获取了所有他能了解到的情况，并从这个航海世界的首都获得了最新的海图和罗盘。与他会见的英国海军部官员对南极缄口不言，因为他们对一支法国探险队可能会在"英国"水域进行探险而愤恨不已。然而，关于詹姆斯·威德尔在 1823 年的航行，他们突然变得非常健谈。威德尔船长是一位"真正的绅士"，他创下了到达南纬 74 度的纪录，这是英国航海技术的胜利。虽然法国公众在翻译作品中如饥似渴地阅读了威德尔的故事，但迪尔维尔从未听说过这样一位"绅士"的海豹猎人，所以他并不相信。至于把本杰明·莫雷尔称为"太平洋上最伟大的骗子"，这个绰号倒是恰如其分。但在法国宫廷里，没有人能够阻止国王知道这些冒险家的故事，也没有人有足够的勇气告诉国王这些都是虚幻的想象。

在之前的两次环球旅行中，迪尔维尔身体强健，充满希望，在自己的幻想中，他就是帝王。但现在他已经是一个老人了（在航海经验方面），并且患有慢性疾病，对世界失去了幻想。南极探险航行前的漫长夏天，他感到自己再也无法掌控自己的命运。在他最黑暗的时刻，他无法想象自己要离开深爱的妻子和儿子，去地球的尽头执行一项长达数年的任务，以换取一个不可能的回报。

迪尔维尔与阿德利·佩平（Adéle Pépin）步入爱河的方式就像小说中的情节：她的父亲在土伦有一家商店，而她就在店里待着，在柜台后面向他微笑。但那年夏天，在土伦的别墅里，这位经验丰富的探险家和他的妻子就像一曲悲伤的小提琴二重奏，还是在不同的房间里演奏。阿德利对这位探险家充满爱意，而迪尔维尔正利用了她的这一弱点，并触动了她的母性本能。迪尔维尔告诉她，通过第三次航行，他将继承伟大的库克船长的衣钵；作为民族英雄的儿子，他们孩子的未来也将得到保障。阿德利最终听从了迪尔维尔的想法（他们二人都知道她会这样做的），但这也是有代价的。随着迪尔维尔出发的日子临近，阿德利因为两个孩子再难见到父亲而感到悲伤不已。夫妻之间的交流越来越少，虽然阿德利没有抱怨，但迪尔维尔知道妻子的想法：她肯定认为自己害了她，正在为她带来灾难般的命运。

迪尔维尔对南极航行的焦虑变成了噩梦。他曾梦想着库克和自己在议会前并肩作战，享受着三次环球航行带来的巨大声望。然后，他将回到"星盘"号掌舵，在一条狭窄的海峡里破冰前行，海峡前后都是死路一条。他对着空荡荡的甲板发出嘶哑的命令，而冰面在他面前不断更新，这是一条没有出路的致命航路。但是，当正式的命令从巴黎传到时，噩梦戛然而止。从这位资深的航海家踏上"星盘"号甲板的那一刻起，所有令人沮丧的家庭情感都消失了，他开始给自己下命令。阿德利和他们的儿子朱尔斯（Jules）、埃米尔（Emile）在码头上含泪同他道别，法国极地探险队即将启程。"星盘"号和"信女"号从港口启航两周后，土伦爆发了致命的霍乱疫情。

那么，迪尔维尔是如何接受这次南极任务的？1837 年时，地理大发现时代的影响和商业利益的兴起，使得反复无常的法国公众想要追求新鲜感。拿破仑曾说："人们喜欢惊喜。"去往南极洲这一未知的荒野之旅绝对符合这一点。但是，这件事存在令人讨厌的"暗流"，即政治斗争中的怨恨。迪尔维尔的宿敌弗朗索瓦·阿拉戈（François Arago）是皇家天文台台长和下议院议员，他谴责极地探险是一种代价高昂的愚蠢行为，迪尔维尔正在带领他的手下在冰上送死。"今年我们花了人民的钱，把他送到地球的荒芜尽头，那里没有任何东西值得探索"，阿拉戈在议会怒斥道，"那么我们是不是必须在明年投票来决定，是否筹集资金以找回他们的尸体？"

随着法国的所有报纸都刊发了阿拉戈的"末日预言"，迪尔维尔在土伦码头上的船员招募面临着突如其来的危机。为了给"星盘"号和"信女"号补充人手，他被迫吸纳了航海新手、未成年的男孩，还有阿谀奉承之人。即使对于一个渴望人手的船长来说，接受这些船员的决定看起来也过于愚蠢或过于危险了。这是一场需要配备最好的人手的航行，但大多数被召集来的人都被评为第三等，既未受过训练也未经历历练。这就是探险的残酷现实，而这在他的妻子阿德利（以及大半个欧洲）所津津乐道的精彩航行的描述中并没有提到。为了解决人手问题，迪尔维尔请求国王提供奖金：每人 100 法郎。为了激励大家打破威德尔的南下记录，每超过 1 纬度就增加 10 法郎。这是土伦航海界无法抗拒的"爱国"吸引力。

与此同时，在大西洋彼岸，美国海军找不出任何一个像迪蒙·迪尔维尔或詹姆斯·罗斯这样足以让本国人民骄傲的人。事实上，战争部长乔尔·波因塞特（Joel Poinsett，以"一品红"著称①）发现自己说服不了任何人来指挥美国探险队。他的前任是

---

① 一品红原产于墨西哥和中美洲，它的通用英文名称来源于美国第一任驻墨西哥部长乔尔·波因塞特，他因将这种植物引入美国而受到赞誉。——编者注

马隆·迪克森（Mahlon Dickerson），即使按照华盛顿方面的标准，他也是一个做事拖拉的人，因而导致最佳候选人托马斯·阿普·凯茨比·琼斯（Thomas ap Catesby Jones）未能成功上任，这一僵局以两人的双双辞职而告终。

　　一个接一个的上尉拒绝了波因塞特的请求，因为他们被琼斯事件和持续的负面新闻吓坏了。原本是一项以爱国主义承诺而开始的海军任务，现在却深受腐败和不确定性的困扰。在华盛顿，随着人们的指责越来越多，各大报纸将这次行动称为"可悲的远征"。最后，一位名不见经传的测量员中尉——查尔斯·威尔克斯用自己的伟大拯救了波因塞特，后者赶忙把这个消息告诉妻子简，夫妻二人为波因塞特中了大奖而激动不已。鉴于随后发生的事情，他们可能已经为这件事的后果预留了几滴眼泪——威尔克斯的政敌原本没有办法将其拉下马来的。

　　威尔克斯的母亲早逝，童年时代的护士和校长对他疏于看管，威尔克斯也因此学会了残忍才是生活之道。有一段时间，他寄宿在一位史密斯先生的学校，当时那里是曼哈顿北部的格林尼治镇。威尔克斯是一位绅士的儿子，是附近上流社会男孩（例如利文斯顿和德普伊斯特家的儿子们）中的一员。他们没有勇气对屠户的儿子或之类的人主张自己的特权。在威尔克斯的带领下，年幼的男孩们厌倦了骚扰，并为他们不好战的哥哥们感到羞耻。终于有一天，一场以砖头、瓶子和刀子作为武器的激战开始了。双方本来势均力敌，直到小查尔斯·威尔克斯向对手阵中的"歌利亚"①——一个名叫摩尔（Moore）的男孩，没上过学，是一个

---

① 传说中的著名巨人，力大无比，后来牧童大卫用投石弹弓打中歌利亚的脑袋，并割下他的首级。——译者注

童仆——扔去一个东西，将他击倒在泥泞中。摩尔命悬一线，当局也进行了调查。所有男孩都没有说出行凶者的名字，直到威尔克斯自己出来承认。令他沮丧的是，由于他身材矮小，没有人相信这件事是他做的。只要别人能够承认他的英雄主义，不管任何惩罚他都做好了接受的准备。但事与愿违，那个童仆康复了，史密斯先生的学校关闭了，年轻的威尔克斯又继续前进。几十年后，这一事件仍然让威尔克斯感到愤怒，因此，他会为自己应得的名声而战到最后。

查尔斯·威尔克斯的肖像画（1840 年），作者是托马斯·萨利（Thomas Sully）。
来源：美国海军学院博物馆。

在美国探险中队启航前夕，威尔克斯中尉买了一件昂贵的新外套，上面装饰着上尉的肩章和黄铜纽扣，但他已经获知自己无法获得升职。把外套的装饰隐藏在胸前让他感到十分痛苦。这是美国探险史上的一个关键时刻，海军部却拒绝授予他上尉军衔。这也削弱了威尔克斯的信心。晋升被拒绝让威尔克斯暗自担心，自己是不是不应该带领这支舰队环游全球，往返南极。他是一个紧张而笨拙的人，缺乏指挥能力，很快就不知所措。他的大脑已经张开了一条小裂缝，足以让恐慌渗入。

威尔克斯无法从手下的军官或船上的绅士科学家那里得到任何安慰，他们似乎把眼前的任务看作一次环球巡游，期待着异国风光，期待着能见到当地人，期待着收集岩石和蝴蝶。他们用各式各样的巴比伦地毯、窗帘和印花棉布来装饰自己的船舱，舱中还摆着茶具和书架。这些本应是进行游学旅行的绅士们才有的住宿条件，而不应该属于即将前往咆哮西风带（Roaring Forties）及更远处的水手。在他们要去的地方，海浪像山脉一样绵延数千英里，每一场风暴都可能致命。威尔克斯的脑海中又出现了一道裂痕，这一次渗入的是他不可抑制的愤怒。

随后，波士顿方面传来消息，法国人迪尔维尔在火地岛留下了一封信，宣布他即将于今年2月启程前往南极。虽然美国人率先宣布了自己的南极探险计划，但他们浪费了自己的优势。现在，这位经验丰富、意志坚定的法国人已经领先他们整整一年了。一条新的裂缝出现，为查尔斯·威尔克斯带来了更为紧张的痛苦。

1838年8月18日上午，当这位缺乏经验的美国指挥官终于下令驶出弗吉尼亚州海岸的汉普顿港口时，整个探险中队都弥漫着一种兴奋感。十年来的不愉快情绪暂时被放在一边，探险远征队的雄心壮志已经延伸到了最远的地平线。旗舰"温森斯"号上的军官们脸上洋溢着笑容，向排在岸边送上祝福的人群挥手致意。毕竟，他们参与的是西方世界有史以来最大的一次（也是最后一次）海上探险航行。在晴朗的8月，350名成员组成的美国探险远征队踏上了史诗般的旅程，其中只有查尔斯·威尔克斯认为他们注定会凶多吉少。

与迪蒙·迪尔维尔驾驶的轻型帆船以及查尔斯·威尔克斯率领的人心不齐的舰队不同，詹姆斯·罗斯拥有世界上最好的两艘极地探险船。"幽冥"号能像鸭子一样乘风破浪。当海面真的升到甲板以上时，船身会在水的重压下摇晃，然后一个舷窗被撞开，将水流排出，随后船身再次回归平稳。诚然，它的同伴"惊恐"号曾在哈德逊湾（Hudson Bay）被困了10个月，并在不久前遭到破坏，但现在，它的修复工作已经完成。

"幽冥"号和"惊恐"号是为战争而设计的，专门用于向拿破仑的海军发射迫击炮。为了对抗巨型大炮的反击，每艘船都是三体船，吃水线处有几英尺①厚。其铜覆外皮是双层的，船头则有四层。为了防止炸弹意外爆炸，"幽冥"号和"惊恐"号的货舱都分为三个独立的水密舱，这些船舱又被厚厚的橡木和柚木组成的双层墙进一步细分，就连甲板都是双层的。1812年战争期间，"幽冥"号参与了对麦克亨利堡（McHenry）②的轰炸，但几十年的和平使"幽冥"号和"惊恐"号重新成为具有维多利亚时期风格的破冰船。

在探索北极时，英国海军部的一贯做法是派出造价昂贵的探险队。在探索南极的任务上，海军部也毫不吝惜投入。1839年夏天，罗斯将准备装备和食物的任务交给了他的同舱室友，也是他的副手弗朗西斯·克罗泽（Francis Crozier），当时他留在

① 1英尺寸等于0.3米。——译者注
② 美国马里兰州巴尔的摩港入口处的一个要塞。——译者注

伦敦，在爱德华·萨宾紧张不安的注视下修补磁力仪器。克罗泽要做一件出力不讨好的工作：他要连贿赂带哄骗位于查塔姆（Chatham）的皇家海军造船厂的小"皇帝"们，希望他们提供所需的绳索、帆布等物资。按照罗斯的指示，克罗泽还订购了一大批罐装食品，这在当时还是一项新技术。至于食物储备，船舱储有 13500 磅[①]肉，上面盖有 5000 磅肉汁，还有 15000 磅罐装蔬菜和 6000 磅汤，这些食物足够他们在海上生活 4 年。罗斯本人之前曾在北极圈被困多年，所以对当地的饮食进行了细致的研究，他非常重视富含脂肪的食物，因为这能给水手提供抵御寒冷的热量。

在启程前往南极洲的 10 年前，罗斯就已经是当时世界上最有经验的极地探险家了，也是一项著名的北极科学发现的拥有者。在他二十五六岁时，他有三分之一的时间是在北极度过的，他学会了因纽特人的语言，也学会了如何让狗拉雪橇。1831 年 5 月中旬，漫长的冬日极夜终于结束，他率领雪橇队将英国国旗插在了地磁北极。

他的小队来到一片靠近水面的低洼地带，所处的位置已经到达了北纬 82 度，比以往任何一次北极探险都更靠北。在离海 1 英里远的内陆，海滩升高，成为一条低矮的沙脊线，就在这里，罗斯拿出了他被水浸湿的磁针，用冻得麻木的手指小心翼翼地拨弄着。当他从水平位置松开指针时，磁针以 90 度的弧度顺畅摆动，随后指向了他的脚。为期 2 年的北极之旅和为期 5 天的跋涉带来的痛苦，以及人们在内心累积的焦虑情绪，在这一刻烟消云散了。事实上，他和他的手下已经 24 个小时没有吃过饭了

---

① 1 磅约为 0.45 千克。——译者注

（有食物的时候他们经历了另一场长途跋涉），而这时，这一点也被他们抛之脑后了。站在地磁北极，詹姆斯·罗斯感到了超乎寻常的幸福。

有人曾期望他们能在这个如此重要的地理位置找到一座巨大的铁山，或者找到一块有勃朗峰（Mount Blanc）那么大的磁铁。然而，大自然选择不公开其"伟大而黑暗的力量"之所在，这里就是一片人们能想象到的荒凉之地：没有食物，没有淡水，也没有植被，真可谓是原始的地球。尽管如此，他们还是在磁极升起了国旗，为乔治四世欢呼了三声，却不知道国王在当时已经去世。就在那一刻，命运的齿轮已经开始转动——詹姆斯·罗斯会成为第一个站在地球两极的人。正如皇家学会所说："罗斯船长已经通过到达地球北极表明了其态度，那就是无需任何人劝他前往南极。"

不过，詹姆斯·罗斯能完成南极之旅吗？漫长的两年来，他和他的船员似乎无法做到。1832年元旦，当他的叔叔约翰·罗斯（John Ross，他们被冰封住的船的指挥官）坐在他的船舱里给海军部撰写年度报告时，他承认自己的信几乎不可能到达其目的地："需要承认的是，现在的成功概率与我们曾经听到的完全相反。"

1833年，一个寒冷的夏日清晨，詹姆斯·罗斯发现地平线上出现了一张帆，当时其他人还在睡梦之中。在惊心动魄的几小时内，那条船似乎全神贯注于捕捞鲸鱼，不过好在最后船上的人还是注意到了罗斯他们。当那艘船靠岸时，捕鲸人目瞪口呆地看着这二十几个骨瘦如柴的人：他们留着胡子，形容枯槁，脸瘦削不堪；有的人瘸了腿，有一个人眼睛瞎了。救援的人告诉他们，自己的船是"曾经由罗斯船长指挥的赫尔域[①]的'伊莎贝拉'号（Isabella）"。罗斯船长的叔叔约翰·罗斯一直在等待死亡。他之前在战争中受过伤，现在这个伤口已经裂开，还在流血。但现在，他之前指挥过的船来救他了。"我就是罗斯船长"，他用沙哑的声音回答道。至少他不会像过去两年里死去的老家伙一样了。

詹姆斯·罗斯的肖像画，作者是约翰·怀德曼（John Wildman，作于 1834 年）。在画中，罗斯作为著名的地磁北极的发现者刚从北极返回，身着英雄般的装束。然而，他的身体太虚弱了，无法支撑他熬过国王授爵仪式。

来源：格林尼治国家海事博物馆。

---

① Hull，英国港口城市。——译者注

詹姆斯·罗斯回到英国后，尽了自己最大的努力让朋友萨宾前往南极的航行计划化为乌有：他热恋了。那个女孩的名字叫安妮·库尔曼（Anne Coulman），17岁，是罗斯的姐姐在约克郡（Yorkshire）的一位富有朋友的女儿。当时三十多岁的罗斯对她一见钟情。

对安妮来说，她的探险家恋人一定魅力无限。至于他们之间的年龄差，似乎并不是她在意的东西。但她的父亲就不这么想了。对于约克郡惠特吉夫特厅（Whitgift Hall）的托马斯·库尔曼（Thomas Coulman）来说，罗斯的名声和美貌毫无意义。对他来说，自己女儿的追求者只是一个身无分文的冒险家。由于并无战事，他几乎不可能获得晋升。一个男人可以自己在冰上漂泊多年，但这并不意味着他有钱结婚。有传言称，罗斯拒绝国王授予他爵士头衔，是因为他没钱买出席仪式的礼服。很有可能发生的情况是，如果他未能在最近的这次南极探险中安全返回，那么他就留下了安妮一个人，让她成为一个心碎欲绝的寡妇。尤其让库尔曼恼火的一点是，罗斯居然敢在自己眼皮底下和一个单纯的女学生恋爱。于是，库尔曼禁止这位痴情的船长进入惠特吉夫特厅，同时密切监视自己的女儿。

但安妮的表妹简是一个自愿的中间人。通过她，罗斯能够给安妮写信，同时也传达了一项秘密潜入的计划。一条小溪为他提供了便利，他可以乘船悄悄进入惠特吉夫特厅，安妮会用上面的窗户打信号。水边的灌木丛是这对情人在黑暗中的完美避风港，他们一起在那里制订了关于未来的计划。虽然要长期分离，但罗斯必须去南极探险。他将与伦敦出版商默里（Murray）签订一笔巨额合同，在回国时出版他对此次航行的描述。有了这笔钱以及后续的讲座费用，他们便可以过上属于自己的生活。

当首相于 1838 年批准英国的南极航行时，罗斯和安妮已经相恋 4 年多了。到目前为止，他们之间的恋爱只是悄悄通信，还有几次匆匆的会面。现在又过了 4 年，而安妮还在等他，就像珀涅罗珀一样，只不过后者必须假装忘记她的奥德修斯。在爱德华·萨宾的不列颠群岛（British Isles）之旅中，罗斯进行了磁力观测，并尽其所能地绕行回到约克郡。为了以防万一，他还对海军部隐瞒了他们的婚约。

罗斯以前从未离开自己恋人去冰上航行。在他之前的 4 次极地航行中，当他看着船友们日渐消瘦时，他庆幸自己内心坚强，运气好。但现在他也有了同样的牵挂。1839 年的最后几个月，在"幽冥"号向南长途航行期间，他把自己关在船舱里，给安妮写了一封长长的、饱含柔情和鼓励的信，因为他离开安妮时，安妮的父亲虽然气愤，但也给予了宽恕。他的军官们感到自己不受重视，开始质疑船长的良好声誉。

英国皇家海军中的每个人都知道库克船长在南太平洋做了一系列令人沮丧的疯狂之事（库克在夏威夷海滩上身亡，使得这些故事不会被公之于众）。[①] 当罗斯感到自己的内心也在朝着同样的方向发展时，他在事情还没有到无可挽回的地步之前采取了积极的措施。罗斯曾与爱德华·帕里船长一同前往北极航行，其间，当时还年轻的罗斯对科学产生了兴趣，帕里对此予以了鼓励，哪怕罗斯几乎没有受过正规教育。除了需要数学天赋的磁力学，罗斯还从事关于海洋动物的研究。他熟练地使用拖网，并用烈酒瓶装标本，甚至在回国后大胆地发表了一些关于自己的发现

---

① 1779 年，在第三次探索太平洋期间，库克与夏威夷岛上的岛民发生打斗，遇害身亡。——译者注

的简要说明。

现在，因对安妮和家的渴望而备受折磨的罗斯被自然科学的日常训练拯救。每当"幽冥"号停泊时，罗斯就驾着小船去到岸边，带着水桶，赤脚在浅滩涉水，花上几个小时的时间在海滩上采集标本。在海上，他下令从船尾撒下拖网，并用测深绳在海底捕捞，寻找在冰冷的淤泥中能找到的珊瑚或化石。幸运的是，他发现了一位非常能干的同事——年轻的助理外科医生约瑟夫·胡克（Joseph Hooker）。收集标本是一项机械劳动，再加上每天注视着他船舱架子上越来越多的酒瓶，这意味着在不停地行进中，他们已经在船上度过了漫长的时间，痛苦也因此有所减轻。罗斯耐心地处理脆弱的海绵、软体动物和蠕动的小甲壳类动物，他曾经认为那份对于浪漫的渴望而产生的绝望会杀死自己，但在这样处理了一桶又一桶的动物标本后，他找到了释放这种绝望的方式。

◆ 插曲 空心地球 ◆

1838 年初，没有人知道三支探险队在南极圈以南会发现什么。但是，在极地地质学上，即使他们有了新发现，一种大胆的猜测依然长期存在，而且在今天的网络上，人们仍可能在角落里找到这种推测——"地球空心说"（the Hollow Earth theory）。

"地球空心说"是维多利亚时代人们想象力的表现。在《爱丽丝梦游仙境》（*Alice's Adventures In Wonderland*）开篇的幽默诗中，刘易斯·卡罗尔（Lewis Carroll）回忆了 1861 年他在牛津大学的一个夏日，他带着同事的女儿爱丽丝·利德尔（Liddell Alice）和她的两个姐妹一起坐划艇。和往常一样，女孩们要求父亲的这个有趣朋友给她们讲一个"奇幻故事"。对于卡罗尔（其真名为道奇森，Dodgson）来说，满足利德尔姐妹对故事的要求既是一种乐趣，也是一种负担。在《爱丽丝梦游仙境》中，他把自己想象成疯帽匠茶会上一直打瞌睡的睡鼠：他有时会像睡鼠一样假装自己困了，从而避免再去给那没完没了的三人组讲故事。

　　但那天在划艇上，他可找不了借口逃避了。于是，卡罗尔开始在自己的记忆中寻找一些有意思的事情，然后拼凑出一个故事。幸运的是，他一生都在玩文字游戏、解数学难题，以及研究哑剧。他的大脑堪称维多利亚时代流行文化的档案馆，这时，一个童年时代的怪事浮现在他的脑海之中：早在 19 世纪 30 年代，一种流行的观点认为地球是空心的，南北极都有开口，里面居住着异国人。如果他把这个中空世界的北边入口移到女孩们熟悉的地方，比如高斯福德（Gosford）附近的树林里，然后讲述一个关于爱丽丝掉进兔子洞穿过行星中心的故事，会怎么样？在掉落时，爱丽丝自言自语，并准备迎接在新西兰（New Zealand）、澳大利亚和其他地方的对跖人（爱丽丝称之为"对称人"）[①]。爱丽丝在南半球"翻转"的人群中会有怎样的冒险经历？划艇上那"绝望"的一刻，造就了白兔先生（White Rabbit）、柴郡猫（Cheshire Cat）以及特威丹与特威帝（Tweedledum and Tweedledee）等形象。

　　那天，刘易斯·卡罗尔的灵感来自让小爱丽丝·利德尔成为

---

① The Antipathies，对跖人，指的是在地球另一端和你脚心对脚心的人，在书中，爱丽丝记错了拼写，成了"The Antipodes"。——译者注

一名受过全面训练的极地探险家，并把她通过中间有管状结构的地球送到南方的"仙境"。当爱丽丝从兔子洞里掉下来时，她的第一个愿望是得到一架望远镜——这是一个探险家的标志性装备。随后，卡罗尔将她"变大变小"，这是叙述者对仙境或南极洲在时间和空间上的隐喻：一个充满弹性、伸缩性的永恒幻影世界，爱丽丝在这个世界中既可以变小也可以变大，白兔先生总是迟到，当地的生物非常"有趣"，就像中生代的卡通版遗留物一样。

像《爱丽丝梦游仙境》这样的流行科幻小说，其灵感都来自"地球空心说"。随着杰克逊时代对南极探险的狂热向往，"地球空心说"在美国也开始迅速传播。俄亥俄州一位名叫约翰·西姆斯（John Symmes）的退伍军人发起了一场全国性的运动，呼吁去探索"两极之洞"。他于1818年在圣路易斯发布了一本小册子，并将其分发给全国各地的报社和议员：

> 我宣布地球是空心的，人们可以在里面居住，其中包含很多实心同心球体，一个在另一个内，并且在两极处是有入口的。我发誓要用我的生命来支持、拥护这个真理，如果有人能为我提供支持和帮助……我愿意探索这个空心地球。我保证，我们会找到一片温暖富饶的土地，即便没有人类，那里也会有茁壮生长的蔬菜和动物。

西姆斯带着一个空心地球的木制模型开始了巡回演讲。在一个又一个城镇里，包括受过教育的人在内的很多人都成了相信他、仰慕他的观众。

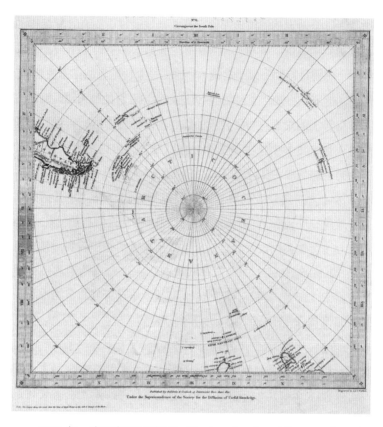

1831 年，实用知识传播会（Society for the Diffusion of Useful Knowledge）绘制了一幅名为《未知的南方大陆》的地图，其中显示，在 1838—1842 年的探索航行之前，人们对极地地区所知甚少。这一明显的空白引发了众多地理推测，其中便包括"地球空心说"。

来源：伊利诺伊大学香槟分校图书馆。

詹姆斯·麦克布莱德（James McBride）便是一名忠实的信徒，他发表了一篇严肃的空心地球宣言，希望让大家认可西姆斯的观点。1826 年，麦克布莱德在辛辛那提（Cincinnati）写了一本书，名为《西姆斯的同心球理论》^①（*Symmes's Theory of Concentric Spheres*），证明地球是空心的、可居住的，并且两个极点是完全敞开的。这本书是美国伪科学文献的经典之作，充斥着各种数据、激进的三段论以及引自莎士比亚和米尔顿（Milton）^②的话。

麦克布莱德用了七个章节描述了"地球空心说"的物理学和地质学原理，随后，他将西姆斯的理论与进行极地探险的必要性联系起来，从而证明其真实性。"如果以后发现它是正确的"，麦克布莱德写道，"我们星球的可居住面积可能会增加近一倍，而且地球可能由不同的球体组成，因此可居住面积可能增加十倍。"对于爱国的美国读者来说，"地球空心说"提供了一种殖民扩张的迷人景象，并描述了一个行星大小的处女地，等待着其在新世界的宗主国——美国将其划定为自己的领土。

最近，北极地区到处都是英国和俄罗斯英雄的身影，减少了美国向北执行任务的潜在红利，因此，麦克布莱德将注意力转向了尚未探索的南极地区："探索南极内陆地区最可行、最迅速和最佳的方式是通过海上航行，进入位于南极点的入口。船队可以在印度洋的南端穿越南极的边缘，据推测，那里的大海无遮无拦，几乎没有冰。"

耶利米·雷诺兹（Jeremiah Reynolds）是一位极具魅力、想要成为极地探险家的人，他为边远地区的环形航线和美国东海岸的官僚机构之间提供了必要的联系。雷诺兹是一名极具天赋的支持者，他第一次加入西姆斯的阵营是在俄亥俄州和宾夕法尼亚州

---

① 书籍名自译。——译者注
② 指英国著名诗人约翰·米尔顿，代表作有《失乐园》。——译者注

的小路上，他在那里担任"地球空心骑兵队"的领队。面对那些已经入迷的观众，雷诺兹宣扬了西姆斯的理念，即地球两极都有巨大的入口（相当于一种圆柱体），应该派遣一支美国探险队来占领这第二个新世界。

当"西姆斯的洞"成为全国的笑柄时，雷诺兹也离西姆斯而去，但他没有放弃西姆斯对南极探险的那种狂热。他不知疲倦地游说参议员和海军官员。他曾向国会全体议员发表了一次热情洋溢的演讲，在这一次令人瞩目的演讲中，他希望美国能通过远洋探险，与欧洲强大的科学帝国抗衡。美国西部的支持者们在雷诺兹的努力中看到了本国崛起的机会，于是，他们在众议院中召集会议，讨论了授权建立美国探险队的法案，而这个法案也在1836年5月9日获得通过。

埃德加·爱伦·坡（Edgar Allan Poe）是雷诺兹的崇拜者之一，听说星球内部可能存在奇异空间，他感情丰富的大脑随即被触动。爱伦·坡和他那个时代所有的"地球空心说"支持者一样，非常希望西姆斯的理论是对的。即使雷诺兹弃西姆斯而去，爱伦·坡仍在巴尔的摩的报纸上为他的新英雄开拓极地事业。在威尔克斯登船时，爱伦·坡发表了他的处女作。在这本书中，爱伦·坡让与作品同名的英雄亚瑟·皮姆（Arthur Pym）和美国的探险家们一起向南行进，谋杀、绑架、兵变和海难接踵而至——在远海之上发生了一连串爱伦·坡式的恐怖事件。

但爱伦·坡的地球空心主义形成的真正标志出现在他于1838年所写的小说的古怪结局。他的英雄皮姆向南航行，超越了詹姆斯·韦德尔的记录，跨过浮冰带，驶入一片开阔的海域。随后，偶然到此的探险家们来到了一个新的地球，这个地球上到处都是热带土地，在西姆斯主义者设想的极地入口的边缘，这颗行星的凹陷处在召唤着他们。对爱伦·坡来说，南极洲的地理发现从来都不是探索南极的主要动因。相反，极地探险的动力在于有机会通过一个动荡的漩涡，从海洋表面被吸入行星管状内部的黑暗之中。在小说的最后几行，皮姆的船通过"一道无边无际的大瀑布，跌入到一个巨大的漩涡中，然后从天堂巨大而遥远的壁垒无声无息地滚入海中……那里有一道裂口，它自己打开来迎接我们"。随着主人公欣喜若狂地跌入一个平行的内部世界，科幻小说这一具有标志性的现代流行文学体裁，就这样诞生于空心地球的热带运河之中。

在《亚瑟·戈登·皮姆的故事》（*Narrative of Arthur Gordon Pym*）的后记中，爱伦·坡提到了"与南极有关的"的章节，十分引人入胜。其中说道，"关于政府目前是否正在组建南冰洋探险队的问题，可能很快就会得到证实或证否"。1838 年，该小说出版的那个月，威尔克斯的探险中队正准备向南航行，这位穷困潦倒的作家写信给海军部长，恳求"发发慈悲"，给自己"安排一个最低微的职员岗位——无论在海上还是陆上"。但是，关于在南极的中空边缘航行的幻想并不是爱伦·坡的专利，它是文学领域的一部分，是儒勒·凡尔纳（Jules Verne）及后来的小说家们为全球读者带来新式科幻小说的前卫素材。

第二章　约瑟夫·胡克跨越时空

　　1839 年 10 月，法国和美国的探险队已经开始了他们对南极冰川的第一次探险，而他们的竞争对手——英国的詹姆斯·罗斯仍在赤道以北苦苦挣扎。马德拉岛位于北纬 32 度 39 分，是连接欧洲、非洲和南美洲海岸的主要航运路线的必经之地。在 19 世纪，马德拉岛因其独特的气候而出名，这里既有亚热带的温暖，又有凉爽的山风。来自不列颠群岛（堪称黏膜炎和肺结核之岛）的大批病号遵照医嘱，前往马德拉岛调养自己被病魔摧残的身体。大多数人最终被埋葬在丰沙尔（Funchal）的英国公墓，一个浪漫无比、绿树成荫的安息之地。年轻的"幽冥"号植物学家约瑟夫·胡克，也是英国南极探险队中唯一一位赢得长久科学声誉的成员，也在这里表达了自己的敬意。

　　作为一个在格拉斯哥（Glasgow）的潮湿雾气中成长起来的人，胡克立即迷上了马德拉岛的宜人气候。他整夜在"幽冥"号的甲板上漫步，尽情享受柔和的空气。如果想吃点心，他会把香蕉像黄油一样涂在面包上，然后吃些葡萄。他恣意享受着岸上橘子树林飘来的香气。天亮时，万里无云的天空（这在苏格兰绝不可能见到）倒映在一片朝气蓬勃的蓝色海面上。胡克曾给妹妹玛丽亚写过一封信，在描述这种颜色时，他说这种颜色和送给妹妹的临别礼物一模一样——那是一枚杂青金石打造的戒指。

约瑟夫·道尔顿·胡克的肖像画，作者是乔治·里士满（George Richmond, 作于 1855 年）。胡克被描绘成一位自信、成功的年轻绅士。事实上，罗斯率领的探险队为迫切需要在科学领域获得成功的胡克提供了一个难得的机会。

来源：卷首插图，伦纳德·赫胥黎（Leonard Huxley），《约瑟夫·道尔顿·胡克爵士的生平与信件》①（*The Life and Letters of Sir Joseph Dalton Hooker*，1918 年）。伊利诺伊大学香槟分校图书馆。

讽刺的是，约瑟夫·胡克在马德拉岛发烧了，而这里恰恰是他的众多同胞寻求健康的地方。至于他生病的原因，也许是因为他从炎热的城镇爬到了山上，感受着凉爽的空气，然后就这样在潮湿的草地上睡着了。这种从热到冷的气温转变（也许空气中

---

① 书籍名自译。——译者注

还飘着未知的微生物）造成的伤害一直困扰着胡克，他的身体在几周之内都在不可抑制地颤抖。在写给父亲的家书中，他隐瞒了自己的病情。他的父亲是英国皇家植物园的园长，他知道父亲一定会把这种结果归咎于自己缺乏判断能力。

如果马德拉岛是天堂的话，那么北纬14度的佛得角群岛（the Cape Verde Islands）就是一片尘土飞扬的赤道沙漠，面对毒辣的阳光，找一棵树暂且躲避都是一种奢望。在佛得角南部，"幽冥"号和"惊恐"号遇到了可怕的"变数"——在不稳定的东北信风带和西南信风带之间，狂风暴雨与风平浪静交替出现，热浪让探险家们闷热难耐。一些人被太阳晒伤，更严重的是，有的人还长了刺痛难忍的红色皮疹。"幽冥"号没有开放式舱口，这使得船舱里的环境让人无法忍受。只要条件允许，水手和军官就会睡在甲板上。他们带去偏远岛屿的公鸡和母鸡好像也热傻了，忘记寻找阴凉处避暑，最终全部死亡。

约瑟夫·胡克仍在发烧，全身长满了丘疹，痛苦不堪。由于船上到处都很潮湿，所以他越发担心自己收集的植物标本。出于植物学研究的目的，英国政府提供了24令纸，用于绘制标本草图和保存标本。此外，还有两个收集箱（长的金属圆筒，配有垂直开关的开口和肩带），可用于采集野外植物。最重要的是，胡克有两个沃德箱，不论什么温度，它都可以将活体植物安全带回。不过，由于包裹的纸腐烂了，所以已经有几十个植物标本开始发酵了。

胡克每天都要在他的小屋里干燥植物标本，在甲板上把纸晾干。但佛得角连续3天的风暴让这一切努力都化为乌有。虽然舱口加固了板条能抵御倾盆大雨，但甲板下的湿气更大了，以至于水能从他的脸上流淌下来。胡克肩负着沉重的职业负担，这让这位年仅 24 岁的探险植物学家每天都感到焦虑不安——最关键的一点是，他要比法国和美国探险队的科学家做得更好。此外，考虑到这次南极探险将要走一条前无古人的路线，所以可能没有任何一位英国植物学家会追随他的脚步。最糟糕的是，为了取悦他那咄咄逼人的父亲（也是他的领导），他不得不竭尽全力地工作。如果他的标本配不上"胡克"家族名声，那么他也不配活下去。

3 月 7 日，在赤道以南、马德拉岛以北的非洲海角附近，气温突然变冷，船只驶入了苏格兰式的薄雾中。到了 4 月中旬，每日收集的海水样本（被放置于一个巧妙的圆柱体装置中）显示，海水的温度显著下降。因此，罗斯船长推测，冰山就在附近。不到一周，气温和海水的温度都下降了 30 度，船员们非常怀念最初在变风区的那种温度。他们光着脚，穿着棉衣，要求船长提供应对寒冷气候的补给品。很多人感冒、流鼻涕、浑身疼痛，不得不待在船上的医务室中。

在非洲好望角（Cape of Good Hope）南部，他们驶入了咆哮西风带，这是地球上最荒凉的海域，风暴、巨浪持续不断，数千英里的海洋中几乎看不到一块岩石。当他们最终来到位于亚南极克罗泽群岛（Crozet Archipelago）的占领岛（Possession Island）时，马德拉岛上的橘子园仿佛已经是另一个世界。"幽冥"号不敢靠近占领岛多岩石的海岸，不过船员们打算营救一批被困在那里的海豹猎人。这也给了胡克充足的时间来观察独特的南极动物群：数千只企鹅像哨兵一样站在岩石上，弓着腰，昂首阔步，丝毫不在乎冰冷的浪花。它们看起来像穿着双色裤子的迷你士兵。

当这些海豹猎人上船时，他们似乎已经"企鹅化"了。胡克本人是一个讲究卫生的年轻人，而这些海豹猎人的外表让他感到震惊。诚然，人们不至于把"幽冥"号当成一条香水馥郁的船，但这些人身上的污秽和恶臭会玷污船长的船舱。他们穿着企鹅皮和羽毛制成的靴子，脸上涂满了企鹅的油脂。自沉船以来，他们靠吃信天翁的蛋和海象肉为生，特别是其舌头和鳍状肢。除此之外，他们根本讲不出他们在岛屿上的住所位于何处以及有何种资源。在胡克看来，他们都算不上是人。

从"幽冥"号的甲板向外望去，这位年轻的博物学家看向占领岛，看着那寸草不生的岩石被包裹在"羊绒夹克"中，他开始怀疑，在参加南极探险队这个问题上，他是否作出了一个可怕的错误选择。他怎么能在没有陆地的海洋里，在一个对植被来说过于严酷的气候里进行植物学研究呢？罗斯船长对在克罗泽群岛登陆感到失望，现在他转向东南方向，前往广阔的印度洋水域。他的下一个目的地是凯尔盖朗岛，库克船长称那里为"荒芜之岛"。想到这里，胡克的心沉了下去。

早在1772年1月，法国的路易十五国王就派遣了一位雄心勃勃的年轻海军军官伊夫·约瑟夫·德·凯尔盖朗（Yves-Joseph de Kerguelen）前往南太平洋，以此平息学者们对于"Une Terre Australe"（广阔的南方之地）的各种猜测。学者们认为，从科学的角度来看，为了缓解北半球大陆的拥挤，在南极开拓一个欧洲大小的大陆是十分必要的。而路易十五作出这样的决定还有另一个原因：随着他的英国对手贪得无厌地吞并太平洋上的殖民地，法国国王迫切想要在南极建立自己的属国。

接下来发生的事让这些原因变得毫无意义。凯尔盖朗船长把国王的愿望和给他的命令搞得一团糟，他驶入了寒冷的、位于高纬度地区的印度洋，决心让自己比肩哥伦布。1772年2月13日，船上的瞭望员报告说，发现陆地以及高山笼罩在雾中。对于凯尔盖朗来说，发现陆地就已经足够了。他甚至没有等姊妹舰真正看到陆地，就匆匆赶回凡尔赛宫，宣布他发现了 "La France Australe"（法国的南方之地），一片郁郁葱葱的南方大陆（据他自己所说），那里有森林、湖泊和热爱艺术的文明原住民。

在这之后的航行中，有人发现凯尔盖朗声称自己发现了新大陆是他散布的谎言，随后，国王将他关进了监狱。英国人詹姆斯·库克是英国皇家海军"奋进"号（Resolution）的指挥官，同样，在寻找南方大陆的过程中，他在两年后于"法国的南方之地"登陆，发现了一个没有树木和动物、海岸被岩石环绕的"荒芜之岛"。在整个 19 世纪，库克所说的"荒芜之岛"是美国水手非常熟悉的地方，他们在那里杀光了所有的海豹，然后将海豹皮卖往其他国家。

历史悄悄地掩盖了法国在南极地区的尴尬。两个多世纪后，"法国的南方之地"仍然冠以凯尔盖朗的名字。然而，从一个角度来看，这位法国人幻想的那片苍翠的南极陆地后来得到了证实，只不过这个幻想在当时过于异想天开，也终结了凯尔盖朗的职业生涯。在印度洋的最南端，南极洲的入口处，人们发现了一片曾经被森林覆盖的大陆，只不过现在已经看不到了。

"幽冥"号从北部接近凯尔盖朗岛时，曾两次被大风吹离海岸，剃刀般刺骨的风刮向水手们的脸。最后，1840 年 5 月 12 日，他们绕过了罗斯称之为"布莱帽"（Bligh's Cap）的岩石堆，方才看到了凯尔盖朗岛。位于海岛北海岸的圣诞港（Christmas Harbor）因库克发表的《库克探险记》（*Voyages*）[1]中的插图而闻名于世。胡克凝视着入口处的"拱门"（因火山而形成的奇观），

---

① 书籍名自译。——译者注

这个他梦寐以求的地方以这样标志性的景观满足了他的幻想。他第一次在父亲的膝盖上翻看库克的书时，"奋进"号船员用棍棒猎杀企鹅的画面让当时还是孩子的他做了不少噩梦。现在，当真真切切的凯尔盖朗岛悬崖在灰色的雾霭中依稀可见时，他又回忆起了那些图片所具有的地质学方面的准确性。整个海岸似乎都被陡峭的悬崖所包围，明亮的积雪和暗淡的岩石交错形成纵向的条纹，最后汇入一层绿色的植被，一直延伸到大海。

1776 年 12 月，詹姆斯·库克第三次环游世界，他调查了凯尔盖朗岛的圣诞港。

来源：J. 韦伯（J. Webber）的雕刻作品（约作于 1785 年）。韦尔科姆收藏馆。

在远海被大风侵袭数周之后，"幽冥"号和"惊恐"号的船员们期待着能找到一个避风港停靠。但他们很快大失所望，因为库克来到这里时是夏季，海面相对平静，而"幽冥"号和"惊恐"号则面临着南半球仲冬的满腔怒火。港口蜿蜒的群山像一个漏斗，为西北方向的大风提供了进入的通道，使其风力更加强劲。在他们停靠的两个月里，三天中有两天会经受一场近乎飓风级别的袭击。哪怕用上了每一个锚，每一条缆绳，这些船仍不停地横向倾倒。经常出现的情况是，即使船与海滩之间距离很近，船员们也很难通过小船上岸。当他们如此尝试时，小船经常翻船，然后他们就浸泡在冰冷的海水中。在圣诞港的海滩上，用轻便的磁台进行磁力观测的军官只能平躺在沙滩上，否则就会被风吹走。到了晚上，聚集在岩石上的海燕随风发出令人忧愁的合唱。这是约瑟夫·胡克见过的最荒凉的地方。

在岸上鲜绿色的丛生植物和棕色的带状植物中，胡克看到大量未曾见过的苔藓，他更加兴奋了。在岩架平坦的地方，这些苔藓被草覆盖着。库克船长手下的博物学家是一个名叫安德森的人，他在 1775 年离开这里时只带走了 18 个植物标本。在驶入圣诞港的途中，胡克认为他可以在"幽冥"号上存放的标本数量是安德森的两倍。他那从未完全熄灭过的职业竞争之火立即被点燃，他会在凯尔盖朗岛击败那位库克称之为"天才"的安德森先生，他也会战胜那些追随罗斯船长来到南极的法国人和美国人。

在港口南端的海滩上，矗立着一块巨大的玄武岩，这引起了胡克和"幽冥"号上的资深博物学家罗伯特·麦考密克（Robert McCormick）的注意，它和《库克探险记》中的图片一模一样。在探险开始时，胡克就对年长的麦考密克心存戒备，因为后者的地位比他高，且在最近的"小猎犬"号（Beagle）航行中对查尔斯·达尔文（Charles Darwin）表现出了不敬。胡克非常崇拜达尔文（他后来在关于进化的论战中成为达尔文一方忠实的支持者），并期望在"幽冥"号上也进行类似的研究。但麦考密克的和蔼可亲让他大吃一惊。麦考密克非常愿意把科学调查的所有具体工作都交给这位年轻的同事，除了那些涉及射杀鸟类并把它们做成标本的工作，因为这是他极其享受的一部分。因此，在他们抵达圣诞港的第二天，当麦考密克提议他们调查库克书中提到的那块著名岩石的地质情况时，胡克毫不犹豫地加入了他的行列。

在驶过港口时，他们的船被巨藻拖慢了速度，它们如幽灵一般的叶片组成了一个水下森林。巨藻的叶子漂浮在水面上，叶子与根茎相连，茎的另一端是港口海底一个梨形的囊状物。在更深的水域里，两头鲸（圣诞港的常客）将鳍露出水面，向他们致意，然后就消失得无影无踪。在一片黑色沙滩边上有一块岩石，博物学家们在此登陆，随后便遇到了一群企鹅。为了表示对入侵者的厌恶，这些生物纷纷跳进海浪中，接着用悠长的叫声表达了抗议。

海浪被风吹成卷曲的漩涡，将两个人完全包围。太阳升起时，浪花在黑色的悬崖上炸开，成了一片片闪闪发光的水云，轻轻地落到地面上。在持续不断的薄雾中，地面在他们的脚下塌陷，直到他们膝盖以下的身体深陷在荆豆一般的植被中。胡克从谷底向上凝望，随即被附着在岩石上的苔藓和地衣那绚丽的色彩震撼。倘若只有岩石，这不过是一堆枯燥沉闷、令人生厌的石头罢了。即使是苏格兰高地那丰富的色彩，也无法与这些在高纬度地区生存的稀有物种的极致美丽相媲美。单是在这里生存下去的艰难努力就已经为它们增添了很多魅力。

当麦考密克不捕鸟时，他的兴趣全在地质学上，因此胡克成了探险队最专注的植物学家（尽管他的正式职位是助理外科医生）。然而，在攀登库克岩石（Cook's Rock）时，他们发现，在自己身处的地方，岩石和植被融合在了一起。一块挤压形成的独块巨石比其所在的岩石冻原年轻得多，凯尔盖朗岛的深厚历史让他们惊叹不已。仔细观察后他们发现，这块巨大的黑色岩石由一块火山绿岩构成，其中嵌有鹅卵石，坚硬如花岗岩。它好像是在前一天以沸腾的半流体状态从下面的岩石中冒出来的一般。更新的熔岩岩脉垂直排列，如同一个一个的石柱。在松散嵌入的岩石底部，他们发现了一些非常奇怪的东西。

麦考密克第一个发现了那些和管子一样大的木炭碎片，随后他把胡克叫过来。虽然后来他发誓说自己是在开玩笑，但他表示这是库克的手下或一些捕鲸人烧火的残留物。他们环顾四周，就在他们头顶上方，一棵干围数英尺的巨大的石化树被卡在岩石之中。这种情况需要回去求援。他们从"幽冥"号上带来两位强壮的船员，才协力从岩石中挖掘出这棵古树，并将其带回船上。在船长的船舱里，面对众多好奇的观众，他们小心翼翼地将这棵石树装进了木匠专门为它建造的盒子里，以便在漫长的返程途中将其保存完整。

在英国南极考察队探索凯尔盖朗岛时，最让其声名大噪的是他们发现了一种独特的甘蓝。这种蔬菜长着弯曲的叶子，有的超过 1 英尺，它们包裹着一个白色的菜心（可食用的部分），吃起来有点像山葵。罗斯船长下令用这种蔬菜做汤来预防坏血病。海军部的一些人对这种甘蓝抱有很大的希望，如果这种营养丰富的植物能在女王的所有领地种植，并用锡罐大量包装，用于长途航行，那么英国舰队就再也不用担心致命的坏血病了。但这种甘蓝很难种植。即使是在英国邱园（Kew）温室的威廉·胡克（William Hooker）这样的专家手中（约瑟夫也尽职尽责地向父亲寄送了样本），凯尔盖朗甘蓝也无法在荒凉的土壤之外生长。

约瑟夫·胡克讨厌这种抗坏血病的汤，因为它尝起来像腐烂的芥末。对他来说，凯尔盖朗的奇迹并不是随处可见的甘蓝，而是其他几十种野生植物、苔藓和藻类，库克在 1776 年停靠期间不知何故没有注意到这些植物。当船上其他人因持续的大风和船的颠簸而痛苦不堪时，胡克利用一切时间解剖标本，并在显微镜下检查，然后尽可能准确地画出它们的样子。船身外，10 英尺高的海浪一刻不停地撞击着船身，胡克的腿只能撑在墙和罗斯船长在小屋里为他预留的小桌子之间。

在那些天气晴朗的宝贵日子里，胡克会上岸进行科学考察，即使必须在几乎不间断的大雪中穿着湿衣服到处走动也不能阻止他。他发现了之前从未见过或读过的漂亮的丛生草。他沿着长满青苔的溪流，沿着港口以南的山谷行走，独自一人采集植物。每隔一段时间，他就会在小湖边发现新的、如丝绸般柔软的苔藓和地衣，它们的数量是如此之多，以至于看起来就像岩石上五颜六色的微型森林。每当他将自己的新发现添加到他鼓鼓囊囊的便笺夹中时，他的信心也会随之增强，尽管寒冷的天气已经让苔藓完全黏附在岩石上，很难将其撬下之后存放在沃德箱中。在这样的气候条件下，植物如何从岩石中汲取营养？这让他百思不得其解。

从在库克岩石的非凡发现开始，凯尔盖朗岛的世界就如一本书一样展现在胡克面前。圣诞港是一个巨大的火山口，只是最近才被海水淹没。岛上高耸的悬崖上，数百层火成岩层层叠叠，他现在看到的是一个巨大的煤层，而这里曾经是一片茂密的森林。甚至在硅化的岩浆流中，石化的树木也以伏倒的姿势暴露在空气中，这表明在凯尔盖朗岛周围和下方的火山连续喷发之后，岛上的森林一次又一次地再生了。

岩石上石化的藻类也让胡克明白，在他无法计算的一段时间跨度内，凯尔盖朗岛经历了被淹没和被抬升的交替循环。森林长成，树木繁茂，接着被岩浆烧毁，之后再次生根发芽。凯尔盖朗岛本身是一块更大的陆地，甚至是一块大陆上被石头覆盖的遗迹，在这片土地上，针叶林曾经延伸到地平线之外，也许与北部的克罗泽群岛相连，如果"未知的南方大陆"存在的话，它可能也与那里相连。

在不采集植物的时候，约瑟夫·胡克会独自一人在凯尔盖朗岛徒步前往被风蚀的悬崖顶。巨浪拍打海岸峭壁是他看不厌的景象。这就像凝视时间的深渊，回到他所在的悬崖还是一片沙滩的时候，那里曾经还有消失的群山；或者回到还是一片森林的时候，那里栖息着上千种现在都无法分辨的嗡嗡叫的物种。很明显，火山在这之中起到了巨大的作用。但有一个问题困扰着他，为什么现在的岛上会如此"荒凉"？凯尔盖朗岛现在已经石化的森林曾经是在温和宜人的气候中生长起来的；而现在，公元1840 年，他只能默默看着那天早上收集的那寥寥无几的花卉标本，等着它们慢慢解冻。当刺骨的寒风把胡克的脸吹得麻木时，他只想找到凯尔盖朗岛上那个古老的"温室苗圃"，还有与其一同存在的热量。

在一次漫长的闲逛中，他来到了一个狭窄的水湾，那里完全被高耸的悬崖包围，因此远离了风和海浪持续的咆哮。他头顶上的山峰被雪覆盖，瀑布被冻结，仿佛凯尔盖朗永恒的冬天已经让时间停止了流逝。在他的"私人水湾"里，一动不动的水面倒映着黑色的悬崖，仿佛一面完美的镜子。成为第一个来到这儿的探险家真是怪异又可怕。

在这里，他发现了自己探索之旅王冠上的明珠：水茫草（limosella aquatica）。在 2 英寸①厚的冰封水面下，这种小型植物

---

① 　1 英寸等于 2.54 厘米。——译者注

开满了花，结满了幼果。在这里的冬天，这是真正的开花植物，而冰一直是这株可爱植物的温室。胡克小心翼翼地踩在结冰的水面上，弯下腰，透过冰凝视着他的奖励。随后，他将冰打破，将手伸入冰冷的黑暗中，一个新的奇迹出现在他眼前。排列紧密的花瓣上有一个气泡，这是水茫草为了生存而自行产生的，它经受住了这里的荒凉。胡克擦干身上的水，伸手去拿笔记本。在遥远的亚南极地区，一株柔嫩的植物在冰层下年复一年地开花，不与空气接触，也没有人类的崇拜，直到胡克出现。就在这个冬天，由于这种水中花的存在，世界的自然秩序似乎颠倒了。

在访问凯尔盖朗岛之后的几年里，胡克对花和冰的颠倒性看法让他在植物学方面的研究走上了新的道路。从这些研究中，现代生物地理学应运而生。查尔斯·达尔文是年轻的胡克的偶像，而罗斯船长后来也很乐意带领探险队沿着"小猎犬"号的足迹前往火地岛。在踏上探险之旅的那一刻，胡克就已经将从南美洲到新西兰的整个南半球高纬度地区的所有植物区系编入待考察目录了。在那次调查中，他发现了一个异常现象：相较于澳大利亚和新西兰，凯尔盖朗岛的植物区系与火地岛的生物地理分区之间的关系更为密切，陆块的距离也近了 1300 英里。事实上，拉丁美洲最南端、南极洲以及印度洋和南冰洋的亚南极岛屿的植物似乎形成了一个单一的植物区系，尽管这些地方之间有着近乎无垠的海洋。

面对这种奇怪的现象，胡克唯一能做的就是否定达尔文的观点。达尔文对所有关于地球古代大陆解体的推测持怀疑态度，对达尔文来说，与其通过重新排列地球表面的陆块来解释植物和动物的远距离迁移，为什么不把同样神奇的力量扩展到植物和动物本身，以及它们通过风或海洋传播的能力呢？

但胡克切切实实跨越了南半球高纬度地区中数千英里没有断绝的海洋。尽管他对达尔文充满敬意，但在罗斯探险队的经历让他对这一点深信不疑，任何理论都无法动摇：扩散是不可能的，只有远古时期"一些更广阔的陆地"的存在才能解释凯尔盖朗岛上的植物分布。

达尔文对自然选择的深刻见解源于他对热带地区的研究，这也引发了维多利亚时代的知识革命，但这位伟大的自然主义者在冰川方面存在盲区。在他的第一篇科学著作中，他用激烈的言辞错误地反对冰河时代理论。他也从来没有采用他的朋友约瑟夫·胡克从南极航行归来后提出的生物地理学理论。但在当下，我们已经通过深海钻探证明，胡克关于南冰洋深层历史的观点（包括其气候、植物学和不断变化的陆地）是非常正确的。

古老的冰川将山谷蚀刻成玄武岩，而在1840年南半球的冬季，年轻的约瑟夫·胡克正在这里漫游。数百万年来，凯尔盖朗火山定期喷发，岩浆将岛上的针叶林掩埋；火山沉积物反过来又为灰烬中新森林的生长提供了肥沃的土壤。森林大火之后，冰期来了。由于南冰洋不断扩大，气候更加寒冷，冰川肆虐森林，导致凯尔盖朗岛成为永恒的荒芜之岛。11000年前，由于间冰期的到来，冰开始融化，随后半英里厚的岩浆流地层和石化森林露了出来，这让胡克分外着迷。

在大风吹过的库克岩石上，胡克用冻僵的手指翻转着古老森林的碎片。木材内部呈黑色，富有光泽，坚硬无比，还有叶状条纹，有的含有肉桂色的晶体，有的是半透明的浅灰色图案与深色纹理的结合体。在更新的岩浆流经的地方，古老的森林变成了木炭。到处都有紧贴在岩体上的树干，有的直径达到了约3英尺。

木材一旦燃烧过，就会对制造腐烂的微生物大军具有一定的克制力。几百万年后，一棵碳化的树将继续讲述它炽热燃烧之后消亡的故事。胡克可以看到树皮，可以计算年轮，就好像这棵石化的树刚刚被一只未知的手砍倒一样。他并没有忘记这一点，在凯尔盖朗岛，热和冷只是表面上的对立。他手中的木材碎片是火与冰的连续体，随着时间推移而屡受锻造。这片石化的森林不仅代表了一片广阔的幽灵大陆的冰封残骸，还代表了神奇的草木繁茂时期，那可以追溯到南极温室期的终结之时，就在它突然而又不可更改地跃入寒冷之前。

在"幽冥"号离开圣诞港的那天，胡克小心翼翼地将来自凯尔盖朗岛的每一株种子植物都装进了沃德箱——这是一个他能够借此开启职业生涯的植物宝库。然而，甲板下面的潮湿环境确实对植物标本构成了威胁。在与罗斯船长进行了长时间的讨论后，他同意将收集的标本放在甲板上以免受潮；如果天气不好，他们会赶紧把箱子放回甲板下面。在驶出圣诞港几天后，海上突然刮起了狂风。胡克还没走到楼梯口，就发现舱口就已经用板条封好了。经过痛苦的等待，他终于冲上了甲板。在一片混乱中，他发现沃德箱已经被海浪冲破，里面的植物标本都被海水浸透，无可挽救。

同一天，"幽冥"号失去了水手长。罗斯船长一直因行动迅速的法国人和美国人感到焦虑，所以他希望能够减短前往霍巴特镇长途航行的时间。于是，他们在狂风之中扬起满帆，这自然会发生危险。船员们最后一次看见水手长是他在巨浪中冲上甲板，被一对贼鸥用强力的喙不断攻击。

◆ 插曲：幽灵大陆 ◆

1988 年夏天，国际海洋钻探计划的"决心"号钻探船设定了前往凯尔盖朗岛的航线，其原因与 1840 年 3 月詹姆斯·罗斯的动机基本相同：在世界上最偏远的水域探查地球的秘密。凯尔盖朗岛的海底之下埋藏着有关温室向冰室过渡的沉积岩线索，能展现 3400 万年前南极大陆在这场重大气候变化过程中发挥的主导作用。借由库克、罗斯和胡克发现的那个荒芜之岛以及露出地面的岩层，后来的探险家开始将整个海底大陆（"温室地球"的沉没残骸）绘制成图，这个所谓的"法国的南方之地"的面积比真正的法国大了整整一倍。

海洋钻探计划租用的改装石油勘探船被正式命名为"乔迪斯·决心"号（JOIDES Resolution）[①]。"乔迪斯"具有官方色彩（用以向这项科学计划的参与国致敬），而"决心"（以库克的船只命名）则体现了现代深海探索中的浪漫主义精神。然而，对于国际海洋钻探计划第 120 航段的科学家来说，"决心"号从弗里曼特尔（Fremantle）长达一个月的航行几乎没有什么浪漫色彩，因为咆哮西风带以狂风和令人晕头转向的海域迎接了他们。吉姆·扎科斯（Jim Zachos）是罗德岛大学（University of Rhode Island）的一名学生，他一直在生病，每晚都难以入眠，也记不起最后一次见到太阳是什么时候。只有一次极光带来的"惊鸿一瞥"才减轻了人们的痛苦。与此同时，在"决心"号的内部，经验丰富的主管拉马尔·海耶斯（Lamar Hayes，前得克萨斯州石

---

① JOIDES 是 "Joint Oceangraphic Institutions Deep Earth Sampling"（地球深部取样海洋研究机构联合体）的缩写。——译者注

油工人）正在冥思苦想，希望解决在每小时50海里的风速下进行钻探的问题。在那个时候，16英尺高的海浪会把船像浴缸玩具一样抛来抛去。

凯尔盖朗深海高原的748号井位之所以被选为钻探地点，是因为该地点的"近期"（与2300万年前开始的新第三纪相对应）沉积物顶层非常薄，从这里可以接触到更古老的地层，从而获知更深处的秘密。扎科斯即将获得自己的博士学位，他也希望通过一个新的研究项目以获得新的数据。他认为，从凯尔盖朗高原（地球上海洋学特征最丰富的地区之一）提取的岩芯能够提供新的信息，揭示在新第三纪和标志着白垩纪结束的恐龙灭绝之间的4000万年期间，地球气候发生了怎样的变化。这一"短暂"的时期让他格外着迷。凭借凯尔盖朗深海高原的无污染岩芯，他可以更准确地确定始新世和渐新世的分界线。这一时期，地球上的气候急剧恶化，地球从温室变为了冰室，同时也形成了从原始到现代的海洋、气候和动物群。

从南极洲板块区域采集的岩芯包含着大量的数据，也可能解开南极洲第一次冰冻期的谜团。始新世–渐新世过渡期的一个特征是赤道到两极之间的气温骤降。温室地球时期，地球上的所有纬度都享受着简单、温和的气候条件，而我们所在的现代冰川地球则变化很大，中纬度有特征明显的季节，热带和两极的气候有着根本性的差异。但南极洲第一次冰期的时间及其背后的机制我们仍不清楚。关于1500万年前南极大陆冰盖的形成，人们有着令人不安的共识，并且其形成与始新世–渐新世过渡期没有对应关系。但没有直接的实际证据证明这种情况，或其他任何情形。

至于748号井位是否能为这一重大科学问题提供一个答案，

目前看来希望渺茫。1988年3月13日晚上，"决心"号从747号井位向南航行了一天，航行距离达到了230海里①，借助全球定位系统，它最终到达了指定地点。在接下来无眠无休的两天里，极端天气和极低的海底能见度阻碍了在钻探现场安装全尺寸锥体的所有尝试。到了第三天，拉马尔·海耶斯临时制作了一个微型装置来加固洞口，但在海底以下172米处，洞口突然坍塌。推进到435米处时，海耶斯和他的团队被迫将钻取岩芯的工作推迟两个小时，以取回一个丢失在井下的工具。到了531米处，海耶斯再次停止钻探。海上的风暴继续肆虐，他们花了5个半小时部署自由落体式重入锥，以便进行更深的钻探工作。

第二根钻管到达388米处，然后在接近白垩纪末期的岩层时卡住。清理钻管周围花了一个小时，清洁管道又花了一个半小时。刚要重新开始，主电缆上的电线断了，又耽误了一天。最后，所有设备终于正常运转了。他们到达了900米处，在洞口发生第二次坍塌之前，岩芯的回收率达到了80%以上。后来，一个浮阀发生故障，淹没了底部钻具。拉马尔·海耶斯才在一根软管爆裂时设法对钻管进行了清理，最后只得终止了全部工作。

他们在748号井位的现场待了整整10天，一直遭遇着技术上的困难，没时间睡觉，船也一直被海浪撞得起起伏伏。3天后，也就是拉马尔·海耶斯60岁生日的那一周，他在"决心"号的训练室里突发心脏病。这艘船的位置离救援队可谓是遥不可及。他们将这位石油工人的尸体放在储存岩芯样本的冷藏室中，随后开始了返回弗里曼特尔的长途航行，以便迎接一位新的负责人来完成钻探任务。这样一来，拉马尔·海耶斯的名字写入了那份

---

① 1海里等于1.852千米。——译者注

探险家荣誉榜（这一名单可追溯到 1838—1842 年的首次探险航行），上面的人都在世界的危险边缘为科学事业献出了生命。

在"决心"号的实验室里，沉积岩芯就静静地躺在那里，里面散落着消失的凯尔盖朗森林的矿化碎片。由于约瑟夫·胡克在 150 年前曾挖掘过"石化树"，因此，吉姆·扎科斯对它们的出现并不感到惊讶，更别说含有微生物的软泥层、火山玄武岩层，以及有微小牙齿、鳞片和骨骼的海洋生物残骸了。

从 748 号井位取回的岩芯被立即送回，随后被放置在钻台上方一个长长的水平架子上。在那又厚又乱的淤泥中，地球 7500 万年的历史就展现在扎科斯和他的同事面前。整个岩芯长约 400 米，其中的一半见证了恐龙生活过的白垩纪，另一半揭示了距今 6000 万年左右的历史。科学家们仔细地划分岩芯，标记每个部分，然后将它们逐个运至实验室。他们用金刚石锯将每个部分一分为二，其中一半作为测定样品，供在船上即时分析；然后将另一半存档，等待运送给世界各地的实验室中一同合作的科学家。最后，他们将岩芯的每一部分放入塑料管中，贴上标签，将其转移到冷藏室，现在那里也是一间停尸房。

钻探负责人的离世让"决心"号上的所有人意志消沉，对于拉马尔·海耶斯在钻探最后一个岩芯时过于辛劳，吉姆·扎科斯觉得自己负有特殊的责任。他绕着这个覆盖着淤泥的圆柱体看了又看，突然，他的注意力被一段不到 40 厘米长的部分吸引了。在代表开阔海洋沉积物的黑色微化石软泥中，他发现了砂质石英、长石和云母的碎片。这些外来矿物与凯尔盖朗深海高原的火山玄武岩没有任何关系，那么，这些东西到底从何而来？

扎科斯提取了一块沙粒大小的石英碎片作为样品，在显微镜下观察。倘若将你最爱去的沙滩上的石英石颗粒放大，它们看起来会是圆润又干净的，这是因为在沉积到海岸之前，它们已经被洋流打磨光滑了。但在 748 号井位 115 米处钻取的岩芯中，这些石英石颗粒则呈现出截然不同的状态，有些是半透明的灰色，有些是乳白色。几乎所有的岩石都有明显的棱角，还有一系列不寻常的表面特征，比如呈弧形或阶梯状，同时存在盘状裂口。这些特征都暗示着外部有一种压力，一种足以碾碎石头的压力。自 1 亿 1 千万年前形成以来，凯尔盖朗深海高原几乎一直与南极大陆相邻。因此，对于这些石英颗粒是如何从南极大陆东部跨越上千千米，进而到了亚南极的凯尔盖朗岛的，单凭构造变化无法给出解释。同样，石英颗粒的粗糙程度和本身重量也排除了另一种可能性：被风或洋流运送至如此远的地方。

　　这样一来，只可能是冰了。只有漂流的冰山能够解释为何在凯尔盖朗深海高原深处存在石英和其他外来矿物。这些南极大陆东部的小小"纪念品"被一块巨大的冰原磨碎，然后搭载着冰山，像坐木筏一样被运送到当时的迷你大陆——凯尔盖朗岛。由于南极洲和凯尔盖朗岛的相对位置在 1 亿年间没有发生过变化，因此，这片冰原及其冰山碎片必须足够巨大，才能穿越比今天的南冰洋温度更高的水域，移动上千千米。这会是人们渴望看到的第一次冰期的证据吗？如果是这样的话，748 号井位的发现就是里程碑级的了。当吉姆·扎科斯考虑到时间的问题时，他顿时感到非常震惊。748 号井位钻取的岩芯上，标记 115 米的地方代表此处的历史要追溯到 3360 万年前。在始新世–渐新世过渡期（岩芯上的标记为 120 米）后不久，南极洲差不多在 2000 万年前就完全冻结了。如果他对 748 号井位凯尔盖朗岩芯的首次测算得到证实的话，那么就完全改写了地球的气候历史。

　　在 120 航段之前，由于缺乏实际证据，关于南极冰盖形成的起始时间（冰川地球的起源）人们还没有达成共识。扎科斯在凯尔盖朗岛附近海域的发现改变了这一状况。扎科斯和他的同事们将748号井位钻取的岩芯称为证明南极历史的"确凿证据"，这种表述是科学论文中难得一见的乐观主义。随后他们匆匆将自己的发现发表出来。

船上首席科学家舍伍德·"伍迪"·怀斯（Sherwood "Woody" Wise）和他的研究生詹姆斯·布雷扎（James Breza）都来自佛罗里达州立大学，他们描述了筏冰碎屑的发现。与此同时，对于和岩芯标记123米处的冰屑同期的软泥沉积物，扎科斯正在对其进行同位素分析，以寻找与冰川形成的标志相对应的较低海洋温度的证据。

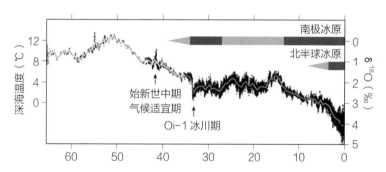

始新世-渐新世过渡时期（Oi-1）深海岩芯的重氧同位素值峰值表明，3400万年前南极洲正发生着快速的冰川扩张。

来源：汉森（Hansen）等，《皇家学会哲学学报》（*Philosophical Transactions of the Royal Society*），2013年，第371期。

在化石生物的同位素特征中保存着一份关于古代海洋温度的记录，这些化石生物曾经生活在冰川海洋中，通过外壳分泌碳酸钙。海洋浮游生物和有孔虫形成的微观遗迹是海洋化学和气候变化的全球性档案。当海水蒸发时，氧同位素O-16（较轻且更易蒸发）优先逸出到大气中，使海洋富含较重的 O-18。冰盖的形成需要大量降水，即所谓的"雪炮"过程。因此，冰盖的形成与海水中富含 O-18 有关。长期以来，全球观测到的 O-18 峰值被解释为始新世 – 渐新世过渡时期南极海域水温快速下降的标志。

为了确定凯尔盖朗高原上的冰筏碎屑与始新世 – 渐新世过渡时期海洋温度骤降之间的连续关联性，扎科斯从 748 号井位岩芯的冻干样品中亲自挑选了数百个单独的化石进行化学分析。果不其然，分析得到的结果是，在凯尔盖朗冰山时期，较重的氧同位素"快速且显著"地增加了。而对 115 米标记处（3360 万年前）的分析显示，消失的 O-16 已经被锁定在不断膨胀的南极冰盖中。

重大的科学发现，尤其是那些理应被冠以"确凿证据"的发现，需要多条相互证实的证据。为了确保 748 号井位团队的最终胜利，舍伍德·怀斯在佛罗里达州的同事魏武昌（Wuchang Wei）分析了该岩芯同一部分的微体化石，并证实了在渐新世早期，凯尔盖朗水域中小型冷水生物（浮游生物和单细胞有孔虫）的数量急剧增加。

他们的发现可以证明，始新世 – 渐新世过渡期南冰洋温度的急剧下降与世界其他海洋中已经确认的数据基本吻合。其突破性意义在于，这个发现确定了全球气温骤降的触发因素。在凯尔盖朗岛 748 号井位发现的南极新历史中，极地冰川不是全球变冷的副产品，而是 1500 万年前南极大陆冰盖形成的一个渐进过程。与人们所想的相反，南极冰盖在更早之前就已经开始形成，并且在渐新世初期通过加速海洋循环，改变海洋化学和生物群落，使热带到极地的温度呈梯度骤降，还推动了海风和风暴的形成，从而造成了冰室时期的气温骤降。

南极洲冰冻时期真正意义上的划时代事件现在有了自己的专有名称：Oi-1冰川作用（"Oi"代表氧同位素异常，也是冰川作用的替代性标志）。正如扎科斯在1996年的一篇论文中解释的那样，"Oi-1是一段极端但短暂的气候时期"，它不是"时间进程中的随机事件"，而是"两种准稳定气候模式"——温室地球和冰室地球——之间高度不稳定的过渡。他总结道："这种规模的短暂气候在地球历史上是十分罕见的。"在Oi-1冰川作用达到峰值时，深水温度从始新世的最高点下降到近现代的寒冷水温，而南极冰层则从几个海拔较高的独立冰冻湖泊升级为比当前冰盖大四分之一的巨型冰盖。海平面下降了近百米，全球水文学进入了一个新时代，现代地球的雏形基本形成。

对于地质学家来说，Oi-1冰川作用的形成需要人们重述地球的历史。6600万年前，小行星撞击发生在墨西哥附近，它可能为像我们人类这样的哺乳动物的诞生扫清了障碍，但Oi-1冰川作用带来了自小行星撞击以来最关键的地球系统变化。即使是标志性的"冰河时代"，其出现也被赋予了不同的意义。与其将"冰河时代"视为行星的热重组，不如说它是一次全球极地冰期的北半球最新迭代，它开始于3400万年前，那时南冰洋也刚刚出现。

除此之外还存在一个问题：最初是何种原因导致南极洲结冰的？在南印度洋进行的国际海洋钻探计划中，人们发现了南极冰盖起源和冰川地球演化的证据。10年后，"乔迪斯·决心"号（第189航段）再次来到凯尔盖朗岛附近的水域。这一次，它的任务是进一步了解"大火成岩省"（沉没的凯尔盖朗高原）的火山特征和起源，而凯尔盖朗岛是其中为数不多的陆上遗迹。产生凯尔盖朗高原的大规模火山爆发是月球、金星、火星以及地球上陆地形成的主要原因。这个 48 万平方英里的高原（约瑟夫·胡克曾推测其存在），其面积与我们星球上的任何一个高原都差不多大。

塑造火成岩区（实际上是一种地形）的岩浆喷发地点被称为"热点"（Hotspot），但这个词并不能很好地诠释这一形塑世界的现象。热点的半径可达 400 千米，活动时间长达数千万年。凯尔盖朗热点出现于 1 亿年前的白垩纪时期，在地球存在的历史中，其火山活跃时间远远超过现在。当时，300 摄氏度的炽热地幔柱将地幔的能量集中在年轻的印度洋地壳上。凯尔盖朗热点的热量收支和物质输出远远超过人类见过的任何火山活动，它超出了人类的一般想象。首先在活跃的热点热柱上旋转的是缓慢移动的印度洋板块，然后是南极洲板块，大量岩浆形成了新的大陆。在其上亿年的历史中，凯尔盖朗热点创造了一个由山脉、山谷和平原组成的大陆，从斯里兰卡以东的印度洋一直延伸到南极洲海岸。

1998 年，国际海洋钻探计划钻取的岩芯含有来自凯尔盖朗陆块平静时期的石化木材碎片、蕨叶、树叶、种子和孢子，当时这里有茂密的森林，巨大的蕨类植物遍布森林地面。包裹这些化石的沉积物——从火山岩到潮间带的沙子，再到开阔海洋的"软泥"——生动地讲述了凯尔盖朗这个微大陆逐渐下沉的历史。几千万年来，火山岩浆流经的地方冷却了下来，慢慢沉入新形成的南冰洋的波涛中，淹没了森林和生物的骨骼，只留下荒凉的凯尔盖朗岛以及亚南极群岛的一些小块陆地，作为它曾经绚烂的蛛丝马迹。1998 年的任务同样为我们了解凯尔盖朗岛本身的历史书写了迷人的篇章，这是一部科学史，它始于 1840 年的南半球冬季，始于约瑟夫·胡克那富有远见的推测。虽然凯尔盖朗最早的火山喷发可追溯到1.3亿年前，使其成为地球上已知历史最悠久的火山遗址之一，但在历史上，凯尔盖朗岛的出现时间却相对较晚，大约在4000万年前的始新世晚期。作为温室地球真正的陆块，凯尔盖朗高原的其他地区可能有5000万年的历史，但凯尔盖朗岛上的森林最多只存在了几百万年。在其曾经肥沃的土地沉入波涛之前，气温骤降，于是，凯尔盖朗漫长的荒凉时代就此开始。

第三章　火焰之地

　　1838 年新年第一天的早上，也就是约瑟夫·胡克在凯尔盖朗岛取得重大收获的前一年，法国船只"星盘"号和"信女"号在凯尔盖朗岛向西 5000 英里的麦哲伦海峡（Straits of Magellan）处停泊，这里是传说中大西洋和太平洋的南部交汇处。在巴塔哥尼亚（Patagonia），南纬 46 度向南，冰川舌从安第斯山脉延伸到火地岛那如迷宫一般的峡湾，这是南极圈外南半球最大的大陆冰川。

　　甲板上刮起了凛冽的寒风，迪蒙·迪尔维尔向他的每一位军官颁发了一枚银质奖章。奖章的一面刻着他们的指挥官那像罗马人一样的侧面像，另一面是"星盘"号和"信女"号驶向远海的景象。上面还刻着："根据皇家法令，谨以此表彰法国南极探险队，1838 年 1 月 1 日。"他们得到的命令是从火地岛向南航行，穿越地球上最凶险的海域，然后继续前行，直到南极存在的一切，或者不存在的一切，将他们阻挡、吞没甚至摧毁。

　　然而，前提是美国人没有首先赢得这项荣誉。在里约热内卢，一位美国商船船长向迪尔维尔吹嘘说，美国探险队经过长期准备，已经于前年 10 月启航前往南极洲，指挥官是一位意志坚定的人，名字叫作凯茨比·琼斯（Catesby Jones）。迪尔维尔并不知道这完全是信口开河。但是，按照这一信息来看，美国人应该早在几周前就已经到达南极水域。如果这群美国人先于他们到达南极，那么他们既不会得到国王的奖励，也毫无荣誉可言。

到达巴塔哥尼亚后，迪尔维尔带着（其实并不十分情愿的）副手爬上了福特斯库湾（Fortescue Bay）海滩上的冰川边缘。在下面很远的地方，他们可以辨认出看起来很小的"星盘"号和"信女"号，它们就像闪闪发光的水面上的一对鹦鹉螺。这种三桅小型护卫舰在设计之初是为了运输马匹，其内部宽敞的船舱非常适合长达数年的探险任务。一方面，为了对抗极地冰层，每艘船的船首都用铜加固，船体都用两层铜加以包裹。另一方面，船的开放式炮口显然很容易受到南冰洋大风的袭击。虽然迪尔维尔曾两次在"星盘"号上完成环球航行，但他并不喜欢这艘船，因为它又黑又脏的舱内陈设甚至会让美国捕鲸人都感到羞愧。这位法国指挥官敏锐地意识到了对手在资金和装备方面的优势。但从另一个角度看，他比任何人都更了解南太平洋。

冰川顶部在他们头顶上隐隐浮现，上面覆盖着还未完全融化的雪。冰川现在正在经历季节性融化，迪尔维尔和浑身发抖的副手已经可以听到冰川内部快速流动的水声。当冰面上的风吹起时，迪尔维尔的手指失去了知觉。他忘了穿厚外套，四肢开始产生一种奇怪的虚弱感。于是，他们匆匆返回海滩。夏天已然如此寒冷，而且夏天就要过去了。是时候驶向冰川了。

在荒凉的巴塔哥尼亚森林，他们度过了新年，精神也为之一振。他们在一条冰河边的沙堤上享用了大餐。1838年，他们用烤肉扦烤了一只鹅，配上几瓶葡萄酒和香槟。军官们借此机会，试探性地询问指挥官究竟有何计划。他会带他们向南走多远？南纬76度？还是南纬78度？他们会打破英国捕鲸人威德尔一路向南的最远纪录吗？"如果威德尔对冰川的描述是正确的"，迪尔维尔微笑着告诉他们，"我们在到达南纬82度之前不会回头！"迪尔维尔身材魁梧，不修边幅，一张英气的脸常常如大理

1837 年 9 月至 12 月，法国"星盘"号和"信女"号横跨大西洋，这是它们从土伦到火地岛的航线。

石一般冷漠。在大西洋上 8000 英里的航程中,迪尔维尔一直不动声色,而现在,他正以满脸的笑意回应军官们的视线。

回到甲板上,军官们发现手下的人正在新的南极物资中四处翻找。纽芬兰的巨大羊皮靴、厚长大衣、厚背心,还有法兰绒内衣,再配上羊绒手套,整套装备才算彻底完成。穿上这些厚衣服,每个人似乎都变大了一倍。然后,他们在甲板上跳舞,就像巴塔哥尼亚的巨人们在进行竞赛。

在南下之前,他们还有最后一件事要做:把信件装在临时找来的盒子中,然后将盒子钉在饥饿港(Port Famine)附近一棵孤零零的树上。饥饿港本是西班牙的殖民地,两个世纪前,那里的人们因为缺少食物而在麦哲伦海峡饿死,饥饿港的名字也由此而来。如果他们无法从冰川返回(像弗朗索瓦·阿拉戈曾诅咒的那样),那么,他们的家人至少还有最后一次收到爱意和怀念的机会,也算是对自己的一种慰藉。一个月后,一艘美国捕鲸船偶然经过了饥饿港。海上的邮政系统虽然杂乱无章,却非常可靠,于是,"星盘"号和"信女"号上能读会写的船员们写下的信,在 1838 年 1 月被这艘捕鲸船从巴塔哥尼亚的荒野中带出,于同年 6 月送到了法国。人们惊讶地得知,老迪尔维尔的船还没有被浮冰撞成碎片。

在麦哲伦海峡的第一个晚上,甲板上的每一个人都见证了太阳慢慢消失在安第斯山脉的冰雪山峰之后。山顶上的乌云透出一种色彩的狂欢(鲜艳的紫色、橙色和红色),简直还原了火山喷发时的场景。在太阳落下的地方,火烧般鲜红的天空逐渐变成朦胧的黄色,使火地岛南面的山脉变得尤为壮观。在天空的下面,海峡中的岛屿杂乱无章地散落着,仿佛它们只是这个星球通过暴力生成的产物。这里毫无温和可言,但当太阳落到最低点时，每座山都清晰可见，山与山之间被一个个长满茂密森林的山谷隔开，呈现出一幅完美的阿尔卑斯山景象。最后，太阳落到地平线上，那里仿佛是世界的尽头——在某种意义上，这一点确实无疑。

1520 年，就在他们当时所处位置的西边，探险家斐迪南·麦哲伦（Ferdinand Magellan）遭遇了一场兵变。他的手下指着弗罗厄德角（Cape Froward）那巨大的、呈锯齿状的岩壁，指责麦哲伦带领他们穿过了地狱之门。同样，迪尔维尔的手下也怀疑地球最南端是否有植被。来自西部的强风在悬崖下咆哮，大雪和冰雹突然从黑色的天空中落下，壮观的景象至此方才收场。在文艺复兴时期的地图绘制者的想象中，火地岛位于未知的南方大陆的北端，这种观点在地理学上虽然有误，但在气象学上十分准确。无情的寒冷西风使火地岛的气候与南极地区无异，这与北半球同一纬度的地区有着天壤之别。在上一个冰河时代，这种现象更加明显，现代群岛上那阴暗的山谷和河道在当时刚刚被冰川开凿出来。

"星盘"号和"信女"号上的每一位军官都渴望见到巴塔哥尼亚人，因为在欧洲的传闻中，他们是赫赫有名的巨人族和食人族。但实际情况远比想象更加严峻和复杂。在麦哲伦海峡的银色海滩上，法国人发现了祭祀过的坟墓，里面装满了烧毁的动物遗骸、兽皮制成的衣服，还有战士的武器。而尸体本身笔直地坐着，仿佛在警告安第斯山脉以外的人，来到这里是十分危险的。按照习俗，巴塔哥尼亚人死后，他的亲属会杀死他的狗和马，然后用他生前这些微不足道的财产填满他的尸体所在的坑。短暂的焚烧后，海滩上弥漫着烧焦的肉和动物皮的气味。如果男人生前品德优良，那么家中的女人会为他的逝去悲痛 3 天，然后立即将其遗忘，因为逝者已通过烟雾去往山脉另一边的天堂，完全不需要对他念念不忘。

在麦哲伦海峡树木繁茂的北岸，当地的族群会用树枝和动物皮搭建临时帐篷。孩子们一丝不挂，在海滩上嚼着浆果，相互打闹；女人们（眼睛下画着一条显眼的红线）则在寒冷的海水中用脚搜寻着软体动物，即使海水已经淹到了她们的胸口。腌制的美洲驼肉被切成长条，挂在帐篷之间的绳子上。美洲驼形似骆驼，巴塔哥尼亚人在捕猎这些动物时会骑着西班牙人带来的马，并且从头到脚涂上动物脂肪来抵御严寒。对于法国人的到来，他们并不感到惊讶，因为 3 个世纪以来，欧洲人一直是巴塔哥尼亚的常客。在那些穿着美洲驼皮制成的衣服、把衣领紧紧裹在脖子周围的人中，有一位火地岛人，他身着全套欧洲服饰，还穿着马裤、背心和长礼服。巴塔哥尼亚人的健康已经受到烟草、酒精和糖的影响，当别人用玻璃珠跟他们交易时，他们往往会面露轻蔑，但是为了一块饼干，他们也许愿意用一块宝贵的美洲驼皮来交换。不过，最重要的还是钢制品（刀和剑），因为在他们所处的"石器时代"，这些东西堪称无价之宝。

迪尔维尔惊奇地发现，即使气候如此寒冷，当地人中仍有两个欧洲人，他们在海豹贸易过程中遭遇船难，逃命至此。巴塔哥尼亚人很友善地收留了他们，但极度的寒冷和吃生食的习惯给这些水手留下了心理阴影，以至于他们被"星盘"号救下之后放声大哭。在他们的帮助下，迪尔维尔开始编纂一本法语 - 巴塔哥尼亚词典（词典中有几十个单词都表示"寒冷"），并宴请了一位当地酋长，席间二人用蹩脚的语言进行了交谈。这位酋长说的语言是西班牙语和法语的混合体，并且他坚持要用这种语言向客人致以敬意："英国人不好，美国人不好，法国人好得很。"饭后，他要求回到岸上，并赠送一把长刀作为友好的象征。这些巴塔哥尼亚人（麦哲伦海峡北岸健壮的猎人）给迪尔维尔留下了深刻的印象。他们南方的邻居是真正意义上的火地岛人，这些人的生活就相对悲惨一些了。他们以打鱼为生，完全依赖独木舟和海洋中的巨藻生态系统。他们的种族规模较小，相较之下也不那么友善，所说的语言与他们的北方近邻完全不同。那么，两个截然不同的种族，拥有不同的生活方式和技术，是如何共同居住在这个荒凉之地的呢？

在 3 次航行中，迪蒙·迪尔维尔在南半球遇到的原住民种族比任何一个 19 世纪的欧洲人都要多。尽管他有欧洲中心主义的偏见，但他是一位天才的人类学家。他首先记录了波利尼西亚、美拉尼西亚（Melanesia）和密克罗尼西亚（Micronesia）等南太平洋地区的语言差异——这一分类方式一直沿用至今。他甚至让一位名叫皮埃尔·迪穆蒂埃（Pierre Dumoutier）的颅相学专家登上"星盘"号，希望能收集头骨，以及用石膏记录人的面部塑像，以进行"科学"研究。但迪穆蒂埃很失望，因为巴塔哥尼亚人对收集颅骨或用石膏取模没有任何兴趣。

虽然时常有欧洲人来到火地岛，但迪尔维尔却被一个问题困扰着：巴塔哥尼亚人是如何居住在南美洲的冰封地带的？以及他们又是如何在那里的极端条件下生存下来的？用查尔斯·达尔文的话来说，"是什么诱使或是什么变化迫使一个部落离开了美丽的北部地区，沿着科迪勒拉山系和贯穿美洲的山脉一路向南，发明并建造独木舟，进入世界范围内最不适宜居住的地方之一？"

19世纪的欧洲人对火地岛原住民非常着迷，甚至对他们抱有趋于病态的幻想。在与维多利亚时期的极地探险家相遇后不久，他们就几近灭绝。他们是已知的唯一生活在南纬55°以南的人类群落。

来源：查尔斯·达尔文，《"小猎犬"号战舰环球之旅期间所访各国博物学与地质学研究日志》①（*Journal of Researches into the Geology and Natural History of the Various Countries Visited by HMS Beagle,* 1839年）。伊利诺伊大学香槟分校珍本图书和手稿图书馆。

在非凡角（Cape Remarkable），"星盘"号上的绅士科学家展开了搜寻软体动物化石的工作，法国的传奇人物布干维尔（Bougainville）曾声称在悬崖高处发现了这些化石，旁边还有灭绝物种的巨大骨骼。但这些只是徒增了神秘感。海水上涨，巨型哺乳动物生存又灭绝，比巴塔哥尼亚人存在的时间还要长。但是，究竟是什么，在什么时候，又以什么顺序，让这个曾经的世界走向终结？

---

① 书籍名自译。——译者注

────── • **插曲：美洲的气候勇士** • ──────

当约瑟夫·胡克划着"幽冥"号的小船在凯尔盖朗岛靠岸时，他一直想着查尔斯·达尔文在火地岛进行的植物学研究。圣诞港周围的海域布满了海底丛林的叶子和卷须，以至于两个人单靠划桨基本无法前进。胡克认出了其中一种在欧洲水域见过的海藻：巨藻，也就是所谓的巨型海藻。但胡克并不认识和巨藻一同出现的海洋杂草（粗糙，呈管状，依靠大而沉重的囊状物浮在水面上）。他发现了一个令人印象深刻的样本：一种没见过的巨藻被冲到海滩上，全长60英尺。胡克都没办法把它搬到小船上。

回到"幽冥"号后，胡克查阅了自己的植物学藏书，大胆设想自己能够获得发现新物种的荣誉。在刚刚出版的《"小猎犬"号环球航行记》（*Voyage of the Beagle*）中，达尔文对巴塔哥尼亚水道中巨型海藻的描述给人留下了深刻的印象。对达尔文来说，只有热带的陆地丛林才能与地球上有人居住的最南之地的"巨大水中森林"相媲美。巨藻借助盘状的脚，附着在麦哲伦海峡和智利冰川海岸边每一块能够附着的岩石上。海岸一直承受着海浪的无情冲击，如果附着的岩石脱落，巨藻会将这个异卵同生的石块一起拖到岸上。

当达尔文在"小猎犬"号的甲板上分离出巨藻缠绕的根时，他发现了一个活生生的动物园：从每片叶子上的微生珊瑚外壳到无数的水螅虫、藻类、软体动物和甲壳动物，再到墨鱼、螃蟹、海星、海胆、爬行的沙蚕，以及种类繁多的小鱼群。这场海上的盛宴也为一直繁衍至今的鸟类（围绕在船边的鸬鹚、信天翁和海燕），以及挤满了火地岛荒凉的海峡和群岛的海獭、海豹和海豚提供了食物。看着这个丰富多彩的生物群落，达尔文推测，世界上没有任何地方有如此多的物种只依靠一种植物生存。这其中就包括火地岛的海洋民族，他们以某种方式适应了亚南极的寒冷，以鱼类和海豹肉为食，饰以小块的干海藻。如果海藻消失，那么包括人类在内的大规模生物灭绝将不可避免。

达尔文没有提到胡克发现的神秘海藻，而这种海藻就乱糟糟地放在"幽冥"号的船尾舷窗下。然而，不幸的是，胡克查阅了《自然历史分类词典》① (*Dictionnaire Classique de l'Histoire Naturelle*) 后证实，一位法国植物学家比他和达尔文更早一步发现了这种植物。不过，这个人并不是一个普通的法国人，他正是法国南极考察队现任指挥官迪蒙·迪尔维尔。他曾三次前往南冰洋，在第一次航行中，他在火地岛以东的福克兰群岛（Falkland Islands）海滩上发现了这种当地的巨型海藻。根据火地岛人的饮食习惯，迪尔维尔将海藻做成了美味的汤 [你可以在今天的智利市场上找到这种干巨藻，它们像芦笋一样被扎成捆，并以"cochayuyo"（湖菜）的名字出售]。

迪尔维尔将这个像触须一样的植物标本运回巴黎，植物学家博里·德·圣文森特（Bory de Saint Vincent）将其命名为"南极海茸"（Durvillaea antarctica）② 或"有益的迪尔维尔海藻"（"Durvillea utile"），因为迪蒙·迪尔维尔在其南极航行中为自然科学提供了非常"有益"的贡献。也许，起名的灵感中还包含这位著名的法国探险家和南极公牛藻（即南极海茸）之间的其他相似之处。根据其官方分类，南极海茸的特点是"结实、浮力

---

① 书籍名自译。——译者注
② 也叫南极公牛藻，或者面条藻，其名字来自迪尔维尔的名字。——译者注

强……能够漂流很远的距离"，这个描述放在与其同名的探险家身上也很让人信服。

1840 年 8 月，詹姆斯·罗斯率领"幽冥"号和"惊恐"号从凯尔盖朗岛到达英国殖民地塔斯马尼亚岛和新西兰，他提出的第一个要求便是了解迪尔维尔探险队的消息。与此同时，胡克看到南极海茸紧紧吸附在岩石海岸上，于是，整个海岸处处都是他们的法国对手曾经到过这里的证据。甚至当英国探险队从霍巴特向南驶向未知的南极极地时，这种以他们的死敌之名命名的南极公牛藻就像从深海伸出的手指一样，在远海之上与他们结伴同行。只有当英国人来到极地附近时，这种海藻才到达其生长的自然极限。胡克在他的笔记本里赞赏地描述道，巨藻是地球最南端仅剩的蔬菜，它划出了冰层的北部边界。在南极海茸的生长地区之外，是一个完全不同的世界，那里空气清新，没有腐烂的痕迹。

南极海茸中还包含着重要的历史气候信息。人们对南极海茸进行遗传学分析之后发现，同一经线上的物种样本具有惊人的同质性。这表明，这种海藻目前的分布范围代表了自上一个冰河时代以来的生长范围，同时也标志着当时的冰川覆盖范围比人们以前认为的要大得多。

1843 年，"幽冥"号和"惊恐"号停靠在福克兰群岛。20 年前，迪蒙·迪尔维尔首次踏上了与他同名的海藻的残骸。那里的西边就是麦哲伦海峡，5 年前，"星盘"号和"信女"号就从这里向南航行，而发现南极点的荣誉尽在掌握——至少法国人是这样认为的。

胡氏红叶藻（Delesseria hookeri）是一种南冰洋海藻，由约瑟夫·胡克发现并命名。维多利亚时期的探险队为南极海洋生物学做出了开创性的贡献。

来源：约瑟夫·胡克，《南极探险中的植物》[1]（*The Botany of the Antarctic Voyage*，1847 年）。伊利诺伊大学香槟分校珍本图书和手稿图书馆。

在福克兰群岛时，"幽冥"号收到了一个令人震惊的消息：迪尔维尔去世了。罗斯和胡克很沮丧。他们都不希望自己的法国对手在南极竞赛中取得完全胜利，但迪尔维尔的去世对科学探索来说是一个无可挽回的损失，同时也提醒了他们，他们远离家

---

① 书籍名自译。——译者注

乡，难以掌控自己的生命（以及声名）。根据他们的经验，南极海茸是一种公认的难以研究和储存的植物。一经解剖，它就会变成非自然的黑色。当经历了跨越海洋的航程之后，它会以一种非常夸张的方式缩水。既然这位伟人已经逝去，迪尔维尔的对手们无疑会竭尽全力为他的声誉描绘出类似的命运。

1838 年，巴塔哥尼亚人的起源一直是法国探险家们的心头之谜。为了解开这一谜团，南极海茸（以及由此引申到迪尔维尔本人）起到了虽然微小但明显的作用。

1977 年夏天，美国考古学家汤姆·迪勒海（Tom Dillehay）在巴塔哥尼亚北部进行实地考察时有了一个惊人的发现。蒙特贝尔德（Monte Verde）是一个平平无奇的灌木丛林地，迪勒海在那里的一条小溪边挖掘，随即发现了一处古代营地的遗迹。经过全面挖掘，那里出现了不少于 12 间木屋的木质地基，还有一座相对面积更大的木屋，用于制造工具，也许还是个医务室。在那间大木屋里，迪勒海发现了啃过的骨头、矛尖和磨刀工具，而且在沙子里还有人类足迹，让人难以忘怀。在那片早已消失的温带森林中，巴塔哥尼亚人的祖先用山毛榉树搭建了自己的居住地，然后用冰河时代灭绝物种（包括乳齿象、剑齿猫和巨型树懒）的毛皮覆盖在外侧。

火坑的位置表明了蒙特贝尔德人烹饪食物的地方。磨石能制作狩猎用的矛尖，而在大木屋内被挖开的地板下面，迪勒海发现里面散落着 20 多种药用植物的化石，其中便包括南极海茸。由于海藻类植物的寿命很短，所以南极海茸化石为判断人类何时在此定居提供了最准确的依据。人们对发掘出的木炭、木制品和乳齿象的残骨进行了放射性碳分析，从而证实在 14500 年前的冰河时代，蒙特贝尔德就已经有采集、狩猎的人了，这比现有的北美洲或南美洲人类居住考古证据早了1000年。

大约在6万年前，现代人类开始从非洲迁徙，他们迅速地穿越了亚洲，然后又迁移到了欧洲。航海民族跨越太平洋，从印度尼西亚通过一座陆桥到达澳大利亚。但几万年来，美洲仍然是一个冰封的未知之地。20世纪30年代，在美国新墨西哥州（New Mexico）发现了一个名为克洛维斯（Clovis）的遗址，这表明在不早于11000年前，北部冰川开始消退时，早期的人类狩猎者就已经沿着无冰的大陆走廊向南探索。当他们进入大平原（Great Plains）①时，这些"探险家"发现了大量的巨型动物，包括猛犸象和乳齿象，而这些动物对人类的侵略毫无防备，于是人类得以大快朵颐。这是一个令人心潮澎湃的故事：第一批美洲人勇敢地闯过冰面，成为大型动物的狩猎者，很快就成了新世界无敌的顶级捕食者。

迪勒海在智利蒙特贝尔德的发现推翻了这一理论，并将美洲考古学带入了一个痛苦的动荡时期。随着蒙特贝尔德觅食者的出现，人们需要重新撰写一部美洲人类殖民史。假设这些拓荒者经历了几千年才从西伯利亚穿过白令大陆桥（Beringia land bridge），到达南美洲的南端（此处与他们出发地——北极完全相对），那么，他们第一次进入南半球的时间就只可能在距今约15000年前了。此时，上一个冰河时代的冰川仍基本处于其最大面积，所以现代加拿大的西部平原上不存在没有冰川覆盖的走廊。这样一来，没有冰川的太平洋海岸便成为唯一可能的迁徙路线。因此，第一批美洲人并不是作为大型动物猎手杀进中心地带的，而是一群海滩流浪者，是海上的投机者，他们漂流在古代加

---

① 北美洲落基山脉以东的大平原地区。——译者注

利福尼亚地区的河口水道上，靠吃栖息在西海岸的所谓的"海藻公路"上的海洋生物为生。

与内陆走廊不同，第一批美洲人开辟的这条海上航线非常直接，畅通无阻，并且全程都在海面之上。巨大的海藻森林（包括南极海茸和巨藻）中栖息着富含蛋白质的黑鲈、鳕鱼、岩鱼、海胆、鲍鱼和贻贝。一种现在已经灭绝的海獭也丰富了第一批美洲人的餐桌。对古代狩猎采集者来说，迪勒海在蒙特贝尔德发现的南极海茸碎片不仅是一种富含碘的有益补品，还是美洲人类殖民史上的一条线索，揭示了第一批到达南美洲的人类依靠太平洋沿岸"海藻公路"的丰富食物来源，从阿拉斯加（Alaska）地区到达智利。这是一条罕见的线索。因为当时绝大部分的美洲"海藻公路"及其沿途的停靠点（当时的海平面比现在低100米）现在已经淹没在太平洋之下了。

虽然气候变化使得美洲人得以借助这条高速公路向南进发，但气候并不总是称心如意。事实上，更新世末期剧烈的气候波动（在一个人的一生中，冰川作用如弹弓一般总是在反弹）造就了一个人口密度低且焦虑不安的人类群体，他们唯一能炫耀的只有在极端天气中的坚韧。数年前，迪蒙·迪尔维尔曾在麦哲伦海峡的寒冷水域中航行，而远古的火地岛人曾冒险进入因气温上升和冰川消退而露出真容的南美洲深处。蒙特贝尔德就是这样一个前沿地带。但是，大约在距今14500年前，气候摆钟再次回落，让那群先驱者惊讶不已。所谓的南极冷逆转（Antarctic Cold Reversal）——平均气温降至比如今低6摄氏度——持续了2000年之久，在此期间，古代美洲人为了生存只能挤在洞穴之中。当气温再次回暖时，南极洲以外最大的南部冰川融化了，淹没了麦哲伦海峡，切断了最南端的探险家们与大陆的联系。在文化层面，巴塔哥尼亚人可分为大陆上的猎人和沿海划独木舟的人（后者对维多利亚时代的达尔文以及迪尔维尔来说一直颇为神秘），他们都起源于8000年前的全新世早期，当时气温已经变暖。

20世纪90年代，新的沿海迁移理论引发了人们的激烈争论，而在地球另一端的另一个发现又给第一批美洲人增添了一份神秘感。在西伯利亚北极圈以北，也就是北纬71度的亚纳河（River Yana）附近，俄罗斯科学家发现了一个有着40000年历史的人类狩猎营地。在那里，科学家发现了一只作为装饰物的犀牛角（这种犀牛已经灭绝）以及可拆卸的矛柄，在未来数千年里，这些东西足以让北美的克洛维斯人望尘莫及。同时，基因分析得出结论，现代美洲所有原住民的祖先都可以追溯到西伯利亚这个地区的某一单独社群，社群的总人数也许只有上千人。

于是，在亚纳河和蒙特贝尔德之间，横穿大陆的痕迹已经出现，这无疑是有史以来最伟大的旅程。在20000年的时间中，一个弱小而无畏的人类群体以某种方式适应了冰河时期的北极冻原条件，他们的动物皮毛帐篷内没有木柴，他们却能在零下40摄氏度的温度下继续存活。这些气候勇士没有继承者，这意味着我们不能单纯地猜测他们是如何应对这样恶劣的气候条件的。亚纳人的后代在后来可能重新成了渔民或航海家，他们沿着太平洋海岸向南进发，去往温暖的地方，一直到今天的智利，而在此之前，我们历经百代也对他们无甚了解。随后冰川再度出现，一个小的先锋群体被困在南纬55度以南，又不得不重新适应极地的极端气候。

达尔文曾经疑惑巴塔哥尼亚人是怎么来到这里的，关于这个问题，"海藻公路"理论已经给出了答案。以南极海茸和巨藻

（迪蒙·迪尔维尔和约瑟夫·胡克在整个亚南极地区都曾记录到）为代表的生物构成了海洋聚宝盆，吸引着史前美洲人向更远的南方迁移。从那时起，巴塔哥尼亚人的生活方式保持了一种明显的静止：在亚南极地区，农业或者牧业不能实现飞跃式发展。然而，困居一隅的火地岛人在世界尽头的极寒中生存了数千年之久（就像他们的祖先亚纳人在北极圈以北所做的那样），他们究竟是如何做到的仍然是一个令人困惑和诧异的谜题。

　　巴塔哥尼亚人的头骨提供了一部分答案。迪尔维尔的颅相学专家皮埃尔·迪穆蒂埃未能采集到他梦寐以求的当地人颅骨。不过，最近的颅骨科学家（颅骨形态学家）已经确定，加拿大北极地区的因纽特人和火地岛人有着适应寒冷环境的共同特征。寒冷的空气会对人的肺部造成致命的伤害，因此，鼻子就显得至关重要，因为它能给吸入的空气加热，防止冷空气直接接触娇嫩的胸膜。在适应极地气温方面，火地岛人和因纽特人的鼻腔是现代人类中容量最大的，因此他们能最大限度地吸入空气，同时也最大限度地保证空气在鼻腔中停留的时间。尽管如此，火地岛人的骨骼遗骸仍展示出明显的温度应激迹象，包括骨组织慢性炎症、背部关节炎、因咀嚼而过度磨损的颌骨，以及骨髓炎，因为骨骼受到感染并"死亡"——这些都是因受冷而造成的身体损伤的迹象。火地岛人虽然幸存了下来，但他们受尽了痛苦。难怪巴塔哥尼亚人口述的历史总是围绕着冰川时期的神话以及愤怒的冰雨之神和风暴之神。

　　然而，尽管他们具有传奇般的气候适应性，却没有在欧洲人的入侵中幸存下来。在迪尔维尔抵达麦哲伦海峡的 5 年后，智利政府出资，在巴塔哥尼亚建立了第一批定居点，原住民社区迅速走向灭亡。至于是否有其他微观进化使巴塔哥尼亚人能够在南纬 55 度以南的地方生存数千年，目前还没有相关的生物学遗迹。不过，高脂肪的饮食习惯（海峡中有大量的海豹）一定必不可少。因此，海上火地岛人的消瘦（正如迪尔维尔所见到的那样）可能是由于南冰洋的欧洲捕鱼业让海豹数量明显减少。在邻近的南设得兰群岛（South Shetland）和南乔治亚群岛（South Georgia islands）上，一种海狗（南极海狗）已经灭绝。火地岛人的后代没有死于麻疹、酒精或枪支，但由于缺乏海豹肉来御寒，他们受冻而亡。

欧洲人对巴塔哥尼亚人的敬畏源于两重差异感。一方面，他们惊异于巴塔哥尼亚人对寒冷的适应；另一方面，他们对自己无法忍受亚南极的严寒而羞愧不已。1583 年，数百名西班牙殖民者因受冻和饥饿而死于麦哲伦海峡。他们效仿当地人吃海藻和贻贝，但没有足够的美洲驼和海豹来抵御寒冷。10 年后，英国人托马斯·卡文迪什（Thomas Cavendish）驾驶"罗巴克"号（Roebuck）来到了同一片水域，手下的士兵以每天八九人的速度在"极端的冰与雪"中死亡。卡文迪什将体温过低的虚弱伤员放在海滩上等待死亡，而幸存的船员则威胁道要为了"摆脱寒冷"而发动叛乱。

欧洲人的身体无法适应亚南极地区的寒冷，这给所有冒险前往那里的欧洲人带来了巨大的精神压力。首先是麦哲伦，这位探险家被迫在甲板上将手下的叛乱分子吊起、剖腹并肢解①，以便杀鸡儆猴，让其他人不再因忍受寒冷而有任何怨言。在环绕合

---

① 源于英格兰古代法律，对犯有叛国罪的人实施酷刑。具体做法是将罪犯吊至半死后，剖其腹并焚烧其内脏，之后将其头颅砍下，再将其尸体裂为四段，与头颅一起都悬挂在公共场所示众。——译者注

恩角的航行中，弗朗西斯·德雷克（Francis Drake）也对手下一名叛乱的军官进行了类似的处罚。当时可选择的惩罚有将其放逐、在英国接受审判或当场斩首，这位打着寒战的绅士最终选择了斧头。时间拉近一点，在 1827—1828 年"小猎犬"号首次航行到巴塔哥尼亚期间，当时的船长普林格尔·斯托克斯（Pringle Stokes）对麦哲伦海峡的"凄凉和极度的荒凉"感到非常沮丧，于是选择开枪自杀。他在日记中绝望地写道，巴塔哥尼亚是一个让"人的灵魂死去"的地方。

10年后，1838年1月，迪蒙·迪尔维尔与"星盘"号和"信女"号的船员们对南极的气候做足了准备。在麦哲伦海峡，温和的仲夏使他们逃过一劫，但现在他们要再次将船只转向南方，穿过凶猛的德雷克海峡，驶入冰山覆盖的海域。从火焰之地到冰雪之地，迪尔维尔对所有关于巴塔哥尼亚的恐怖故事都谙熟于心，对他来说，这次航行似乎是一次自杀式的任务。

第二部分
艰苦试炼

第四章　迪尔维尔与浮冰的殊死搏斗

"星盘"号从火地岛起航两周后，船上的瞭望员在地平线处发现了拍岸的白色海浪，看来他们已经离冰川不远了。船员们很快发现，两艘船已经置身于划艇大小的冰块中了。与此同时，以船长之名命名的巨藻——南极海茸已从海面上消失。他们进入了一个没有味道、没有植被的陌生世界。

随着海洋中的最后一丝温暖消退，薄雾散去，一幅凄美的景象渐渐浮现：巨大的冰块形成了陡峭的墙壁，海浪从中间冲刷出一个拱门，形成了一个完美的勺子形状。人们挤在船的一侧观看浮冰的消逝。泡沫浮到海面上，就像结冰的河流在冬天结束时解冻一样。每一个浪尖处都喷出汹涌的浪花。当风吹过，海水拍打着冰层，波浪荡漾在浮冰周围，猛烈翻腾，同时伴随着一声巨响，就像打在珊瑚礁上一样。

"星盘"号船员的注意力很快就从这个小小的漂浮物转移到船头前一个巨大的冰棱柱上。论大小，这个冰棱柱是前者的一百倍大，周身被雾气环绕。一阵阵风塑造了它的"奥林匹亚之巅"，其顶端冲破云层，每一个侧面都在阳光的照射下闪闪发光。据"星盘"号的领航员迪穆兰（Dumoulin）估计，这个冰棱柱高约200英尺，不过人们都发誓它的高度至少有400英尺，耸立在船的主桅之上。究竟经过了多少个冬天，盖了一层又一层的雪，方才形成这个庞然大物？冰山消失在雾中，在水面上投下一个模糊的倒影，混杂着融雪的狂风完全阻挡了船员的视线。迪尔维尔给船员准备了双份口粮，以此来纪念他们第一次看到南极冰层。他还悄悄地增加了一倍的警戒人员，时刻保持最大限度的警惕。

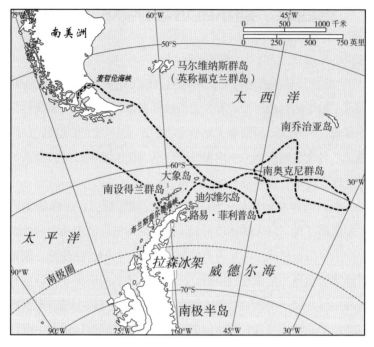

1838 年夏天，威德尔海变幻莫测的冰层让迪尔维尔的航行变得漫无目的。

令人筋疲力尽的调度就此开始，船员们拉起或者放下绳索。有时，在诡异的蓝天之下，"信女"号的桅杆清晰可见，只有不到两个船身的长度，而船体的其他部分都笼罩在水汽之中。更可怕的是，两艘船都被浓雾笼罩，距离较近的时候，在"信女"号的甲板上可以清晰地听到另一艘船上的声音，却根本看不见那艘船在哪里。如果两艘船走散了，它们会在南极圈边缘的克拉伦斯岛（Clarence Island）会合；如果仍旧没能见到对方，那么就在瓦尔帕莱索（Valparaiso）会合；如果还是没能见到另一艘船，那么幸存下来的那艘船将返回法国。在任何情况下，两位船长都不会向南寻找对方的踪迹。

当他们到达南纬62度，距离威德尔的记录仍有数百英里之遥时，本来让人眼前一亮的冰山已经成为一种习惯的存在。有时，船距离冰山非常近，只有不到一艘船的长度，这给了船员们进一步研究的机会。当阳光穿过大块浮冰的透明表层时，光线中较长的波长迅速衰减，然后各种颜色便瞬间显露出来。在低处，海浪拍打着冰山，冰山反射出紫水晶色的光，而在高处，裂缝中的蓝色将新落下的雪的白色切割开来，然后以不规律的角度与大海相接。这些浮冰小岛在向北漂流的过程中一定会不时地翻滚，一会儿是水平的，一会儿则是垂直的。

1月中旬的一周，船上的士气空前高涨。西南吹来的一阵风让船的航行速度达到了6节①。目前看来，探险队似乎已经克服了恶劣的天气和冰层。海面很平静，他们能辨认出15英里外的浮冰。军官和船员认为，指挥官之前对南纬82度的预测过于悲观了，超越威德尔的奖赏唾手可得。对于军官和有钱人来说，荣誉是他们前进的主要动力；但对于前桅的普通水手来说，这种意料之外的奖赏给他们提供了一个过上新生活的希望：拥有一个家，娶一位妻子，并且从事一份体面的职业。不过，指挥官这位航海老手会带他们去到足够远的地方，让他们大赚一笔吗？

迪尔维尔预计，当天凌晨3点他们将穿越南纬65度；而真到了凌晨3点，他却被瞭望员难以置信的叫声惊醒。他马上来到甲板，发现巨大的冰层从东北方向一直延伸到西南方向的地平线。军官们已经抓紧时间各就各位。从桅杆上看，船的前方是一

———————————

① 1节等于1海里／时，即1.852千米／时。——译者注

幅非凡的景象。出现在他们面前的不是大海，而是一大片起伏的雪地，上面分布着蓝色的水晶。目力所及，无法看到其尽头，也没有发现中间有任何通道。这块冰原之上四处分布着 10 英尺高的冰柱，密密麻麻，难以逾越，四周到处是昏昏欲睡的海豹，整块陆地上都是冰。迪尔维尔和 70 年前的詹姆斯·库克一样，震惊于眼前的这一景象。刹那间，他的幻想破灭了。今年他们不会到达南纬 82 度了，也不可能发现南极点了。他顿时对詹姆斯·威德尔感到一阵厌恶：那个英国人要么是运气好，要么就是编造了一切。

即使迪尔维尔雄心勃勃，他目前也必须要专注，要思维清晰地专注于眼前的这一大片浮冰，考虑目前的情况对他的船和船员来说意味着什么。他立刻便在心里完成了政治方面的盘算。显然，仅仅看到浮冰并像库克那样转身离开是不够的。向南纬 80 度以及更远地方的航行会带来极大的危险，但在这里，南纬 65 度，他必须冒更大的风险来证明（首先向军官们证明，然后向国内持怀疑态度的公众证明），他，迪蒙·迪尔维尔，用尽了一切方法后最终抵达了南极点。他望着看不到尽头的浮冰，不禁想到，为了保住自己的名声，他必须拿 160 条生命来陪他冒险。

在威德尔海浮冰旁的第一个夜晚，燃烧着红色火焰一般的月亮在云层后面升起，用他们未曾见过或无法描述的颜色浸染着布满冰山的大海。在南方的地平线上，冰层在蓝色海洋的映衬下成了一条白线。海面和天空都很平静，唯一的声音是成千上万只栖息在冰山上的企鹅发出的"唧唧"声，偶尔会有鲸鱼喷水的声音，以及海浪不断冲击浮冰的闷沉声音。这一景象中带着一种原始的悲伤，仿佛世界在创造之前的某个时期就已将它们抛弃。无论地球上发生了怎样的巨变，人类的头脑中都没有关于它们的记忆。

　　第二天发生了最糟糕的事情。一场猛烈的大风袭来，滔天的巨浪撞向甲板。更多的冰山环绕在他们周围，而迪尔维尔却被熟悉的敌人所困扰——他像被锤子砸过一样的头痛、恶心，并且身体无法控制地颤抖。已经有几个人被命令离开甲板，他们的手指已经冻伤，鲜血淋淋。迪尔维尔站在船尾甲板上的小船舱中，下令船员在漫长的黑夜中把船帆卸掉，以便抵御风暴。

　　即使在筋疲力尽的时候，他们也需要随时防备冰山突然倒塌。风夹杂着大雪在值班的军官周围呼啸，盖满了他们长满胡须的脸，航线上的能见度不超过一条船的长度。风先是呼号，然后变得尖锐，声音大到连开炮的声音都听不见了。

　　在这短暂的夜晚，船外传来了迪尔维尔一生中从未在海上听到过的声音：先是一声巨响，仿佛有人敲响了一个巨大的鼓，在船上回荡。剧烈的震动让他摔倒在小屋的地板上。这是一艘船不可控制地撞到岩石海岸的声音。接着传来了一种难以形容的刺耳声音，一种持续不断的撕裂声，仿佛某个巨大的海怪正在把船体一块一块地撕成碎片。一小时前，他们还安然地航行在开阔的水面上；现在，"星盘"号被包围了，浮冰悄悄地来到他们身边。第一次撞击表明船体与浮冰之间发生了令人作呕的碰撞，而更长时间的刮擦声则表明船体被拖曳到了浮冰之间。浮冰间的压力挤压着船体，让人感觉喘不上气。

　　这致命的浮冰会如同乐观主义者幻想的那样，仅仅是温暖、开阔的海洋周围的一条冰带吗？或者像北极一样，从这儿到极点都是固态冰，完全看不到陆地？如果后者是真的，那么在南纬65度处见到浮冰的边缘意味着其体积将会是难以置信的大，北半球的任何东西和它相比都相形见绌。这就让人不由得思考这样几个问题：为什么南、北半球的情况会如此不同？海洋和零度以下的空气，以及其他自然因素是如何维持这种现象的？冰是从地球上某个巨大的空心隧道里被运来的吗？

对迪尔维尔和他的军官们来说，唯一合理的解释是，南方一定有大片土地。不仅有像威德尔这样的捕鲸者所看到的那种岛屿，还有巴塔哥尼亚那种多山的大陆，高耸的雪峰和冰川峡谷将大量的冰倾泻入海。如果这是真的，那么他们将有一个真正里程碑式的重大发现。

这时，冰面上出现了一个缺口，迪尔维尔大喊着下令迅速通过。这是他职业生涯中最鲁莽的一次命令，但正如他之前所经历的无数次类似的情况一样，他不假思索、毫无感情地发出了这一命令。很快，这位法国人就发现自己置身于一个雾蒙蒙的小海湾之中，四周都是冰墙，永远服从命令的"信女"号紧随其后。军官们兴高采烈，因为他们认为自己已经穿越冰层，到达了南极洲！一支"信女"号的小分队还来到浮冰之上，喝了一杯庆功酒。但迪尔维尔知道，他们穿过冰山群的"路线"绝非如此。这只是一个进入浮冰带的机会，根据南极海冰的险恶性质，这些浮冰从现在开始将紧紧地跟随在他们身后。他们被困住了。

那天晚上，"星盘"号上又响起了凄凉的乐曲。海浪一次又一次的拍打让船始终在摇摇晃晃，晃到船长确信船在这样的海浪中根本坚持不了1个小时。他的良心备受煎熬。他害怕自己以平庸的方式迎来死亡，但真正让他痛苦的是两艘船上服从他命令的船员，正是他将船员们带到了这个悲惨的地方，结果却让他们困在这里，即将给自己的生命画上句号。迪尔维尔想到，他们遇难的消息会传到弗朗索瓦·阿拉戈耳中，那张邪恶的脸上一定满是笑意。

在接下来的两天里，"星盘"号和"信女"号在他们的临时庇护所——浮冰中的一个小潟湖内打转。以这种方式驾驶需要反复调整船帆，迪尔维尔认为这一定会使他的船员崩溃。进入冰层后，气温骤降，他们脸上的水汽变成了冰晶。绳子冻得很硬，他们的手因此又红又痛。当风刮起来的时候，待在甲板上令人难以忍受。船员们在甲板下的各个角落寻求喘息的机会，他们用手揉搓着麻木的脸颊，烟斗刚一点燃就会被风吹灭。迪尔维尔感到全身有一种持续的冰冷，他的牙齿打战，几乎说不出话来。最终，体温过低迫使他下到甲板之下，却一下子摔倒在地，再难站起身来。

迪尔维尔派出了一位名叫鲁吉耶（Rougier）的水手，前往浮冰的北部探索。鲁吉耶是迪尔维尔手下最得力的干将之一，但他却带回了非常糟糕的消息。他至少跋涉了 2 英里，当他接近浮冰边缘时（虽然距离仍然很远），冰变得越来越大，越来越危险，远处的开阔水域似乎是另一道冰组成的屏障。迪尔维尔带着自己最好的望远镜爬上桅杆。即使是在主桅杆那令人目眩的高度上，他也只能看到这片冰原。浮冰完全将他们环绕，一直延伸到灰色的地平线上。迪尔维尔只在北边勉强看到一条深蓝色的小丝带，那里可能是大海，也可能只是他的一种幻觉。

他随即定下了西北偏北的航线。他深知，在这条航线上，船体会不断地与浮冰发生碰撞。相较于直接放弃，向前航行也不是一个多好的选择。几分钟内，浓雾笼罩了他们，然后"信女"号便消失在雾中。这种焦虑让人难以承受。就算他们接近浮冰带的北部边缘，也会进入远海巨浪的攻击范围内。然后，任何风向的变化都会使他们撞到坚硬的冰上，在人生最后的几个小时里，他们会眼睁睁地看着自己的船被一块一块地撕成碎片。

这是路易·勒·布勒东（Louis le Breton）在 1841 年创作的画作，画中描绘了法国轻型护卫舰在南极冰层中无能为力的状态，旨在唤起公众对航海时代日渐衰落的探索兴趣。

来源：坎佩尔美术博物馆。

他们的处境可谓凄惨，也确实是独一无二的。在日记中，迪尔维尔很难找到合适的词语来描述他们当前的处境。一个小时又一个小时，巨大的浮冰随着海浪起伏，同时也撞击着船体。它们好像被堆满雪的火山岛包围，每隔几秒就会因火山喷发而产生振动。与此同时，浮冰如镜面一样反射着光，这种单调乏味的景象已经逐渐要将他们逼疯了。冰的形状似乎也在嘲弄着他们，或是像一座房子，或是像熟悉的街景，又或是像巴黎的一座大教堂。在高纬度地区的仲夏时节，白昼一直持续到 11 点。仅仅 2 个小时后，灰蒙蒙的曙辉就出现了。"星盘"号的船员们习惯了 4 小时换班制，他们可以随意睡觉，完全不用顾忌太阳。尽管如此，永无止境的白昼和无休无止的强光开始让他们感到苦恼。他们抱怨视野中总是有射来的光芒，并将这种感觉称为"冰盲"。迪尔维尔也开始在甲板上戴太阳镜了。

船员们曾无数次说看到了陆地，但事实证明那只是幻景。一天早上，大约9点钟，所有人中目光最敏锐的迪尔维尔看到了南部地平线上清晰的陆地轮廓：一块岩石密布、层峦叠嶂的陆地，其海岸在海平面上形成了一条长长的、水平的线。他叫来迪穆兰，将这个发现记录了下来。消息很快传遍了两艘船。如果他们没能比威德尔去到更远的南方，那么现在，他们可以宣告一项更重大的发现——他们先于美国人和英国人，率先发现了南极大陆。迪穆兰本来紧急画了一个小时，然后慢慢地放下了笔，因为刚刚如此清晰可见的一块陆地，他们现在眼睁睁看着其形状发生了变化，成了一片海市蜃楼。山峰变成了枕头，山脊变成了波纹，他们的荣耀就这样消失在那蓝白色的天空中。

一种无力感向每个人袭来。所有人一言不发，情绪低落。人类的感官在这里毫无用武之地。这里没有植被，没有气味，肉眼所及，只是一成不变的白色。如果他们一败涂地，陷入绝境，那么任何安慰都没有意义。也许诗人会为这一情景感到高兴，但对于被困在这里的"星盘"号和"信女"号的军官和船员来说，普罗旺斯最稀疏的橄榄林也比这里日复一日残酷的庄严更赏心悦目。所有的远洋航行规则、风险计算在这里均不适用。这是一个纯粹而冷酷的机会世界，生存的概率每天都在改变。

到了晚上，引爆炸药一样的声音将迪尔维尔从本就不安稳的睡梦中惊醒，他知道，有冰川正在崩塌。"星盘"号的侧舷在冰壁上留下了一条长长的棕色铜线，证明船体曾和冰川发生过剧烈摩擦。就像一个在小巷里的醉汉一样，"星盘"号以一种近乎疯狂的旋转从一边晃到另一边，每次与冰川撞击，船体都会被作用力反冲。倘若一阵风不幸地从某个错误的方向吹来，再加上海浪和浮冰的作用，船随时会被撕成碎片。只要北风不停，他们的处境就没有希望。南半球的夏季放松了自己微弱的控制，于是，融化的冰在他们眼前重新凝结，把船封在其中。

当马雷斯科特中尉（Marescot）把迪尔维尔从睡梦中叫醒时，他们迎来了整个严峻航行中最残酷的一晚。指挥官冲上甲板，令他惊讶的是，大海为他们开辟了一条通道。他们的救命之风从东南偏东吹来，把他们带到了开阔的水域。迪尔维尔立即下令全速航行，但值班军官马雷斯科特和罗克莫尔（Roquemaurel）只是严肃地看着他。灯光在大雪中渐渐暗淡。他要求军官冒着几乎没有能见度的风险航行，随后又撤销了命令，走下甲板。再次叫醒他的不是军官，而是可怜的舵手。"冰怎么样了？"迪尔维尔问道。那人不情愿地回答道："就像昨晚一样。"迪尔维尔非常愤怒，让他重复一遍刚才的回答。当迪尔维尔终于理解了舵手报告的内容，他意识到，这艘船在过去的半小时里没有移动过。在甲板上，他看到他们的处境又恢复到了最初的状态——"星盘"号仍然被冰紧紧地包围着。

由于船只搁浅，迪尔维尔逐渐开始不顾一切。他下令将前锚固定在冰面上距离船身 100 码① 远的地方，同时让船员们扭动绞盘，用尽最后一丝力量一寸一寸地转动、缠绕绳索。推动绞盘轮辐 4 个小时之后，船前进了半英里。然后，船突然冲进了空荡荡的水域中，甲板上的船员顿时摔了个底朝天。负责下锚的人被雪遮挡住了视线，他们穿过冰面跑回来，重新登上获得解放的"星盘"号，因为他们已经没有回头路了。一个名叫奥德（Aude）的船员因为在雪中迷路，一度被船员们放弃，但在最后时刻他被拖上了船，浑身冻僵，已经半死不活了。他本来是船员

---

① 1 码约等于 0.91 米。——译者注

中最强壮的人之一，但后来他再也没有恢复到之前的状态。

这些冰川不是平坦而整齐的高原，而是聚拢、凌乱和危险的存在——一种原始的混乱。他们的船拼命向前逃，海浪也在不停地拍打着船身，在船首翻腾出一道道冰冷的瀑布。在某一次拍击中，幸好罗克莫雷尔中尉反应神速，及时紧紧抓住了迪尔维尔的外套袖子，这位指挥官才没有头朝下地飞出船尾甲板。船身不断地与冰碰撞，撞击声在船上回荡，而所有人的目光都转向了桅杆。桅杆一开始弯到让人感到不祥，随后人们拉动绳索，桅杆才在绳索和帆布的碰撞声中恢复竖直。他们离任何造船厂或任何可制作桅杆的森林都有数百英里的距离，在这个时候失去一根桅杆将是非常致命的，冰川会把他们彻底埋葬。

正当他们筋疲力尽的时候，北面 2 英里处出现了一片开阔的海域。迪尔维尔大声叫大家回到船上。很快，他们就进入了厚度更薄并且在持续移动的浮冰之中，冰冷的海浪以每分钟两次的频率冲击着船体，船身也不停地起起伏伏。突然，他们像离弦之箭一样驶入冰层与开阔水域相接的陡峭边缘。他们感觉到，船身之下才是真正的海浪。船员们像累过头的孩子一样呼喊求援。长达1 个月的灾难造成的重负立即从迪尔维尔的肩上卸下，他觉得自己像一个被废黜的国王，意外地恢复了王位，得以重新掌管这个小王国的命运。

他们转过身来，最后看了一眼身后的浮冰带。在天空的映衬下，他们可以看到浮冰在地平线上发出极具欺骗性的闪光。然后，船上的填缝工报告说，"星盘"号在与浮冰进行的漫长的生死竞赛中没有漏进一滴水。这真是令人难以置信。他们已经逃出生天，跨越了南极冰层的禁区。这里是人类的自然极限，詹姆斯·库克和巴塔哥尼亚人都没有来到过这里。

然而，即使是在得救的纯粹喜悦中，迪尔维尔也感到了一种令人沮丧的不安。随着他们一纬度一纬度地向北航行，"星盘"号和"信女"号在浮冰中的故事更像是一次撤退，而不是一次胜利。迪尔维尔猜测，当故事传到巴黎时，人们会把这次经历称为"迪尔维尔的丑闻"，因为他没有到达南纬65度，距离威德尔的记录尚有几百英里，甚至没有以高贵的死亡来彰显自己的努力。与1912年更幸运的欧内斯特·沙克尔顿（Ernest Shackleton）不同，迪蒙·迪尔维尔没有选择在威德尔海的冰川上进行一次光荣的失败之旅。他只得制订第二次前往南极的计划，尽管他身心的每一丝纤维都在反对这个想法，但他知道，自己别无选择。

———• 插曲：威德尔冰上科学站 •———

在威德尔海的海洋钻探计划帮助人们构建了一条时间线，让人们了解到南极洲是在很久以前从火地岛和南美洲大陆分离出来的，因而创造了一条多暴风雨的海峡，而在1838年1月，迪蒙·迪尔维尔驾驶他的护卫舰正从这条海峡中穿过。

5200万年前，在所谓的始新世气候最温暖的时期，两极之上还生长着茂密的森林，当时有一座连接南美洲和现在的南极半岛的陆桥，那些早已消失的植物、鸟类和动物正是借由此处实现跨越大陆的移动的。这是旧冈瓦纳大陆最后一次的狂欢，后来，南极洲便从大陆上分离出去。美洲向北漂移，大陆地壳下沉，淹没了陆桥这个中转区。到始新世-渐新世过渡时期，有一条1英里深的水上航道已经开通，这便是德雷克海峡。在合恩角以南，太平洋和大西洋连接了起来，一片新的海洋环绕在南极洲周围，将其隔绝在严寒之中。今天，环绕地球的南冰洋产生了巨大的能量，这些能量涌入了狭窄的 500 英里长的德雷克海峡，创造了世界上最强大的海流和最凶险的海域。盛夏时节，德雷克海峡是离开冰山群的快速通道，而这些冰山都是从西南极洲及其北部半岛的巨大冰川中分裂出来的。

从地图上看，南极半岛就像一根手指，从南极圈延伸到曾经与自己相连的火地岛。如果我们把冰川消融的东南极海岸想象成拇指，那么食指和拇指之间的凹陷处（也就是德雷克海峡以南）便是威德尔海，这片壮观的海域是南极野生动物、海冰和海洋能源的枢纽。1838 年，"星盘"号和"信女"号驶入了一片未知的浮冰水域，在今天，这片海域被称为"威德尔海"，而不是"迪尔维尔海"，这也代表了那年夏天法国探险队在探索南极时受挫的故事。

尽管如此，威德尔海仍是众多极地探险中常常出现的角色。1912 年，欧内斯特·沙克尔顿的"坚韧"号（Endurance）搁浅在威德尔海的浮冰中，随后在南纬 68 度处沉没。这场船难只是后来一系列探险的开始，也成为所有极地生存故事中最伟大的一次。80 年后，在冷战接近结束的时候，美国和俄罗斯的科学家联合起来，在威德尔海的浮冰之上建立了一个临时考察站，重新经历了迪尔维尔经受的苦难，以及"坚韧"号最后的无舵之旅。由哥伦比亚大学拉蒙特·多尔蒂地球观测所（Lamont–Doherty Earth Observatory）的阿诺德·戈登（Arnold Gordon）领导的威德尔冰上科学站被认为是 20 世纪末最难以置信、最大胆创新的科学设施之一。

由于常年结冰，邻近南极半岛的威德尔海西部一直是研究船无法到达的地方。在威德尔冰上科学站，戈登的目标是在这片令人生畏的神秘海域收集数据。科学家所在的浮冰不超过一米厚，上下起伏，还要受到南极大陆刮来的大风的冲击，同时气温骤降至零下 35 摄氏度。在这种条件下，冰上科学站的科学家在 4 个月的时间里航行了 750 千米。当他们沿着西经 53 度线西部的浮冰漂流时（这条路线与迪尔维尔"星盘"号的路线有交叉，与沙克尔顿"坚韧"号的路线极为相似），戈登和他的同事收集了有关南极气温、洋流、大风和海冰状况的重要原始数据。事实证明，威德尔海是地球上展现海洋水体变化的独特之地。

南冰洋海冰每年都会扩张和消退（在某些时候多达 2500 千米），这壮观的景象是我们的冰川气候系统及其季节性节律的物理证据。威德尔海的浮冰在冬季达到最大的面积，能够覆盖 800 万平方千米的海域。在迪尔维尔带领"星盘"号和"信女"号来到这里的时候，威德尔海正处于夏季，其季节性浮冰面积"缩小"，浮冰层变为只有两个法国那么大的常年浮冰。

在南极洲西部临近威德尔海的沿海地区，因冰川大陆架急速冷却的无冰水域便成为海冰生产的工厂。一开始，冰只是悬浮在水体中的微小晶体，受到海上强风的影响，水流持续转动。随着时间的推移，水面会形成一层薄薄的雪泥，将冰晶与袭扰的大风隔绝开来，让冰在黑暗而安静的水下慢慢增长。于是，新生的冰从一个小小的颗粒状晶体开始，将水体中的盐浓缩在自身当中，以每秒 100 万立方米的速度将冰冷、密度较大的水从温暖的中间层驱赶到海洋深处。随后，这些南极底层水（70% 源自威德尔海）以不可抑制之势向北环绕，进入大西洋和太平洋的洋盆中，使世界海洋最底层的那近千米的水层变得寒冷。而温盐环流又反过来向热带和中纬度地区输送上升流带来的温暖，从而维持了我们如今的气候带。1992 年威德尔冰上科学站项目最引人注目的发现是，这条全球海洋输送带（一种行星维度上的物理现象）起源于威德尔海沿岸陆架的小规模海水运动过程。（尽管当时的苏联正如夏天的浮冰一样分崩离析，但俄罗斯科学家依旧为这项研究成果做出了贡献，这一点同样引人瞩目。）南极大陆上冰冷的南风推动了一种名为威德尔海流的气旋洋流，以每秒 2800 万立方米的冻结速度向近海逼近。在一种冰川手风琴效应的影响下，这些风维持了永久性冰盖形成所需的寒冷温度，同时也驱使浮冰沿着环流向北移动，从而进入沿海的无冰水域，新的海冰也因此形成。浮冰从形成到最终在温暖的北方水域融化，可能会漂浮上千千米。

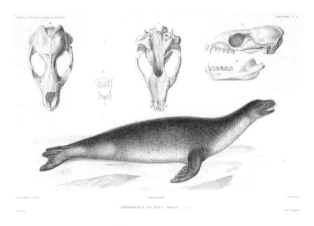

法国探险队的艺术家捕捉到了这只美丽的豹形海豹（leopard seal），这种动物可能遍布整个南极洲，是浮冰带的原住民。法国探险家还有一点值得夸耀，那便是他们首次描述了在此之前从未见过的锯齿海豹（lobodon carcinophagus）。19 世纪 20 年代和 30 年代，次南极群岛上的海豹种群大量减少。

来源：迪蒙·迪尔维尔，《护卫舰"星盘"号和"信女"号的南极和大洋洲之旅（动物学）》[①]（*Voyage au Pole Sud et dans l'Océanie sur les Corvettes L'Astrolabe et La Zelée...Zoologie*，1842—1853 年）。生物多样性遗产图书馆 / 史密森尼图书馆。

[①] 书籍名自译。——译者注

　　威德尔海的浮冰是维持海洋深处寒冷温度的机制，它将 90% 的太阳光线反射回大气。在思乡的水手眼里，这里是一个虚幻的剧场。阳光照射下的冰山看起来像教堂，浮冰像村庄的广场。迪尔维尔关于极地的噩梦在这怪异的冰景中完全成了现实，而这种景象依赖于无冰水域冻结和解冻的循环，因为深层的暖流上升到水平面，与冰冷的空气接触，并将其散发的热量释放到大气中。对于"星盘"号和"信女"号来说，威德尔海的浮冰、海洋、光和雾以一种高能量的融合创造了一个让人望而却步、充满危险的环境。无冰环礁湖（或冰间湖）能够为船只提供临时避难之处，而浮冰之间的开阔水域则提供了稍纵即逝的逃生路径。1838 年夏天，在他们与威德尔海的浮冰展开生死搏斗时，冰层中开阔水域的不断波动，以及由此带来的让人疲惫不堪的希望和失望的循环，让法国指挥官和他的船员始终游弋在失去理智的边缘。

第五章 "飞鱼"号的旅程

1838 年 11 月，也就是法国探险队逃离威德尔海浮冰约 6 个月后，威尔克斯，一个让美国南极探险事业一塌糊涂，从而使美国探险队陷入长达一个世纪的空白的人，正凝视着"孔雀"号（Peacock）臭气熏天的船舱环境。他将灯笼高高举起，仔细听着周围的声音。水从四面八方涌来，好像船上的每一条木板都腐烂了，每个缝隙都在漏水。不仅是甲板，"孔雀"号的舱口围板和船头都毫无防备地面向大海。甲板上刮着最"柔和"的风，但从船身漏进来的水量来看，外面似乎有一场大风暴。他刚从船舱里出来，里面的水已经淹到膝盖；再往前，他醒来时看到第一幕便是地毯已经漂浮在水面上了。

"孔雀"号的指挥官威廉·哈德森中尉（William Hudson）冲进储藏室，一道水幕倾泻而下，直接撞击到地板上。他很快就到了船尾的泵井处。在前往里约的航程中，必须有人一直待在这里，方能保持船身的干燥，从而不至于下沉。看到此情此景，哈德森并不十分惊讶，因为他知道这艘船还没有做好驶出诺福克（Norfolk）的准备。1838 年 8 月，威尔克斯率领探险队出航，只是因为他向海军部长承诺，他会为了让华盛顿方面和美国摆脱"糟糕远征"的尴尬而驶向大海。哈德森和威尔克斯明白，"孔雀"号需要在里约进行全面改装，这将耗费大量的时间和金钱。

哈德森认为，水泵是关键问题所在，而真实情况远远超出了他的想象。他爬到泵井里，借着灯笼的光在闪烁着微光的水池里检查。固定水泵的铁带完全生锈，已经起不到任何作用了。一组铁带甚至完全脱落，散落在地板上。相较于匆匆离开诺福克，或者海军造船厂造成的疏忽，这种情况更加严峻。对于一艘即将开往南极洲的船只来说，这无异于一场大规模的谋杀。

威尔克斯和哈德森在里约壮丽的海湾周围集结后，为了征服南极并完成环球航行，他们对自己率领的美国舰队重新进行了彻底评估。旗舰"温森斯"号是其中的主力，它是一艘非常适合在海上航行的单桅帆船，也是海军的骄傲。船上搭载了 190 人，虽然船身宽大，但速度很快。论体积，双桅横帆船"鼠海豚"号（Porpoise）只能排在第三，但是在微风的吹拂下，"鼠海豚"号迅速超越了"温森斯"号。威尔克斯对"鼠海豚"号有一种情感上的依恋，因为他最近在乔治亚州海岸线的调查中指挥过这艘船，并在凯茨比·琼斯惨败后将这艘船纳入舰队之中。上一任指挥官指派给威尔克斯一艘名为"救济"号（Relief）的军需船，在他们穿越大西洋时，没有拒绝这次指派被证明是一次彻底的失败，这也让他懊悔不已。这艘船外表华丽，但航行起来像一只造价昂贵的蛞蝓，从诺福克到里约，它航行了上百天，创造了最慢的航行纪录。

但这些船并没有引起探险队军官的注意。相反，他们的视线全都锁定在了小型纵帆船"海鸥"号（Sea Gull）和"飞鱼"号（Flying Fish）上，眼神中甚至有一种不得体的渴望。纵帆船（负责给"温森斯"号补给）的指挥官由威尔克斯决定，对于参加探险队的几十名雄心勃勃的年轻军官来说，这是他们渴望获得的指挥权。这两艘纵帆船每艘只有 70 英尺长，能够搭载船员 15 人，如它们的名字一样，它们可以像自然界中的动物那样穿越大西洋。更重要的是，这些漂亮的船是由美国人自己设计的，在船员心中，这更增添了一种美。

　　威尔克斯向来对资历问题极其敏感，他的军官也是如此。在出航时，他任命了两名候补军官来指挥"海鸥"号和"飞鱼"号，这已经让军官们很愤怒了。现在来到里约，他终于透露了探索南极的后续计划，于是问题便转向了他将选择谁来指挥这次任务中的纵帆船，因为之后还有可能涉及死亡或荣耀。对于他选择的两名军官来说，这将是一个获得晋升的机会。毕竟，如果第一次指挥就有成为最后一次的危险，它就会重要得多。

　　众所周知，指挥官威尔克斯对他从凯茨比·琼斯那里接收的军官抱有偏见。军官越能干，他的敌意就越大。首先，威尔克斯就很不喜欢"温森斯"号的副指挥官克雷文（Craven）中尉，而这位军官在船上展现了高度的专业精神。现在，克雷文已经被解除了职务，在"救济"号停靠的港口上唉声叹气。

　　关于南极任务中可以分配的奖励——"海鸥"号和"飞鱼"号的指挥权，威尔克斯仍旧抱有同样的偏见。他清楚必须把候补军官换下来，但在那些求职心切的军官中，他认为应该忽视他们的资历。威廉·沃克（William Walker）和罗伯特·约翰逊（Robert Johnson）两名少尉成了整个舰队羡慕的对象，而比他们资历更高的军官则被威尔克斯忽略了。沃克和约翰逊的共同点是，他们是在威尔克斯被任命后才加入探险队的。一位名叫克莱尔伯恩（Claireborne）的中尉曾经是琼斯的手下，他在一封正式的信件中表述了自己的不满。威尔克斯对此的回应是将他踢出了探险队，建议他搭下一班船回家。另一位名叫李（Lee）的资深中尉也有所怨言，威尔克斯同样让他收拾行李回家。剩下的军官即使不满也不敢说什么了，这正中威尔克斯的下怀。

　　与此同时，巴西的奴隶在里约的港口对"孔雀"号进行了重新填缝，而美国政府为此付出了巨大的代价。威廉·哈德森曾在西非舰队服役，因此对奴隶贸易了如指掌。他已经目睹过人类可以堕落到何种地步，但对于很多年轻的、不谙世事的军官来说，他们在里约经历了痛苦的觉醒。被铁链拴住的囚犯到处都是，而年老体弱的奴隶只能靠乞讨流浪度日。然而，最惨烈的景象莫过于英国商人的奴隶船抵达港口时的状况。来自非洲的俘虏挤在露天甲板上，忍受着烈日的炙烤，周围都是自己的粪便。很多人的尸体就横在那里，其余活着的人则因长期的饥饿而面容憔悴，两眼无神。在甲板下（谁又能知道那里是什么惨状），有传言说这些"人类货物"会被卖给食人族。船上共有12名奴隶自杀。对于威尔克斯船上的北方废奴主义者来说，前方那个没有人类的南方世界，在道德方面又平添了一份吸引力。

威尔克斯从他们位于火地岛奥兰治湾（Orange Bay）的基地出发，以一种堪称奴隶贩子的野蛮逻辑，着手为南极航行重组舰队。科学家挤上了"救济"号，而"丢面子"的克雷文中尉则接管了"温森斯"号。两艘船都再无机会分享探索南极的荣耀。威尔克斯本人暂时接过了"鼠海豚"号的指挥权，这艘船将和"海鸥"号一起踏上威德尔当年的传奇航线，越过设德兰群岛（Shetland Islands）向东南航行，而"孔雀"号和"飞鱼"号将向西航行至西经105度，并尝试打破詹姆斯·库克在这些水域向南航行的纪录。

威尔克斯对"孔雀"号和"飞鱼"号下达的命令是，他们应该保持紧密的合作关系，不惜一切代价防止任何一条船走失。但是，当这两艘船在岩石密布的迭戈拉米雷斯群岛（Diego Ramirez）以西遭遇大风时，这个命令对他们来说并没有多大的意义。哈德森下令定期开炮，还在桅杆上点起了蓝灯，这一切都是为了与"飞鱼"号上年轻的指挥官沃克保持联系。但是，在熬

过了 40 个小时的风暴之后，"孔雀"号又等待了 14 个小时才驶
向下风向，瞭望员在地平线上没有任何发现。也就是说，在离开
奥兰治湾的 48 小时内，"孔雀"号失去了自己的随航船。

与此同时，在"飞鱼"号狭窄的甲板上（风暴过后正在晾
晒），威廉·沃克确信"孔雀"号此时正船身向北，向西航行。
为了防止两艘船走散，他和指挥官哈德森约定了 4 个会合点。在
广袤的南冰洋上，这意味着他要在波涛汹涌的远海之上找到一
个精确的地点，并迎着风停船。"飞鱼"号顶着狂风，穿过巨浪，
现在已经开始严重漏水。人站在甲板上是一件不可能的事情，而
甲板下就像一个游泳池，书、衣服还有各种器具都在四处晃动。
在沃克的小船舱里，冰冷的水已经淹到了他的腰部。

在大风肆虐的第三个晚上，纵帆船的船首三角帆在呼啸的
风中从中间裂开。船员们打算在到达第一个会合点时封好船舱，
这时，一股汹涌的海浪袭来，将两艘救生艇碾成碎片，并将船首
的罗盘箱冲出船外。舵手和瞭望员伏低身子爬行，手臂、大腿都
在流血。与此同时，南极的野生动物似乎在人类的困境中找到了
乐趣。一头鲸用它巨大的身体摩擦着船体，一只信天翁则在甲板
上方平静地盘旋着。

至此，船员仍未发现"孔雀"号的身影。当狂风那刺耳的
声音终于降了一个八度的时候，船员发现储存食物的船舱漏水
了。于是，所有人聚集起来把船舱里的东西搬到了船尾。现在，
"飞鱼"号彻底遇上了大麻烦。因此，沃克决定违抗命令，暂时
不管剩余的会合点，让船随风航行。随后，他们向南前进了一段
距离，和他们一同前行的还有成群结队的鸟，其中有一只南极鞘
嘴鸥，身体比雪还白。

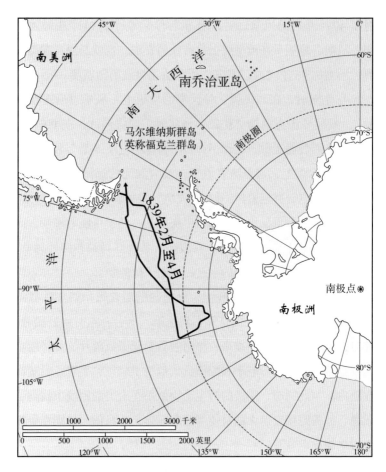

1839 年 3 月"飞鱼"号创纪录的航行。

越向南走,"飞鱼"号的状况以及冻伤船员的身体情况只会愈发恶化。当海上的怒涛席卷甲板时,他们必须一直待在水泵旁抽水。在海浪间的短暂间隙中,船上的每个人都担心下一次海浪的冲击可能会把船摧毁。"飞鱼"号上的每一条缝都在漏水,所有人身上都湿透了,床和箱子都漂浮在水面上。船员们在甲板上踉跄而行,为了防止冻伤,每个人的脚上都裹着毯子。但是,大雨夹杂着雪花打在他们身上，衣服上很快就结了冰。不久之后，沃克的船员中有一半人（5个人）丧失了行动能力，他们肋骨骨折、身体淤青，双手因拖拽结冰的绳索而血迹斑斑。然而，没有人有一声怨言，纯粹的责任感压倒了一切——目前来看是这样。

最终，他们迎来了风和日丽的两天，终于能够顺利航行，船员也终于看到了他们的奖品：两座巨大的冰山隐约可见，就像南极的门户一样。在这片布满海冰的海洋里，他们到达了西经105度，也就是库克当年到达的经度。仅是对眼前的状况有这样简单的了解，就已经让他们暂时忘记了身体上的痛苦。他们密切关注着神秘的南方国度，上百英尺高的冰山上到处都是企鹅，大海里的鲸鱼随处可见，船员偶尔需要用船钩来驱离它们。

这里不再是一片开阔的海洋，也不像他们所了解的任何海洋。在这里，雾气是永恒的存在，因为水汽和雪会交替出现。海浪在雷鸣般的拍击声中击碎冰面，冰洞的黑暗深处就像话剧舞台上那阴暗的布景，海浪在其中会发出像人类一样的咆哮声。在短暂而昏暗的夜晚，值班军官一直盯着船头，完全凭借声音指引船穿过不可见的冰崖。

接下来的3天，"飞鱼"号一直在搜寻陆地的踪迹（或者至少看起来像陆地的地方）。冰在海面上漂着，还夹杂着脏东西，水因此变得又稠又黑。一个尚未探索的海岸像海妖一般诱惑着沃克走进一个冰川迷宫，这里比他的纵帆船所在的位置还要靠南。转瞬即逝的1小时后，他这才意识到，他们经过的数千个独立的浮冰岛现在正渐渐聚成一个无法通过的巨型冰原。这个冰原也毫无征兆地破裂开来，南方一片清澈的海域兀然出现在他们眼前，命运女神似乎正在向他们微笑。很快，他们就越过了法国人当·特尔卡斯托（D'Entrecasteaux）设下的南部标志，随后在

1820 年，俄罗斯探险队队长别林斯高晋（Bellingshausen）也到达了这里。接下来，在北风的助力下，他们用了不到一天的时间来到库克设下的标志处。船上的帆都破了，但沃克还是坚持升起了每一张帆。

到了第二天，情况急转直下。一场大风迫使沃克停船，在雾蒙蒙的夜晚，他们听到南方传来一阵低沉的隆隆声。突然间，雾消散了，"飞鱼"号从冰中露了出来。船员们看着浮冰，身上很快覆盖了一层白霜，如幽灵一般。让人焦虑的寂静使人产生了幻觉。话语在他们的唇间消散，站在他们旁边的人听不见任何声音。在蓝光和绿光的映衬下，堆积的浮冰呈现出陆地的样子，甚至看上去像一个很熟悉的小镇，其中还有教堂和尖塔。然后，光线延伸到地平线，呈现出一个单调的、没有尽头的白色世界。冰山与天空的洁净融为一体，一望无垠，却叫人惶惶不安。

《大风中的"飞鱼"号》（1839 年），由美国探险艺术家阿尔弗雷德·托马斯·阿加特创作。
来源：美国海军艺术收藏品。

沃克意识到，他已经让这艘纵帆船处于巨大的冰障之中了，但为时已晚，北侧的出口悄无声息地关闭了。巨大的椭圆形浮冰围绕着船体旋转，他方才明白黑暗中那些"咔嚓咔嚓"的声音是怎么来的了。海水慢慢冻结，将"飞鱼"号牢牢地抓住。落在水面上的雪不再融化，而是开始结冰，并逐渐覆盖每一股海浪。他第一次感觉到，船员的目光都汇聚在他身上。毫无疑问，他们默默地忍受了这一切。但是，这里是一个死亡地带，责任感不再适用。他把船员带到了自己所能指挥的范围之外。

在沃克冒险进入浮冰带的过程中，如果其青年时候的经历能起到任何作用的话，那肯定会激发他逃跑的冲动。幸运的是，一阵微风吹来，他下令在"飞鱼"号的船头绑上绳子，将船拖到冰上。当船缓缓向北移动时，船身剧烈地左右摇晃，像一个螺旋开瓶器一样扭动，最终一下子撞在了冰上，船身的碎片四散飞溅。每次碰撞后，桅杆都像芦苇一样变形弯曲。后来，螺钉开始从木头上脱落。木匠跑过去告诉船长，在船散架之前要赶快停下来，但沃克不予理会。

向北几个纬度，"孔雀"号的指挥官哈德森正在焦急地等待着。当他看到"飞鱼"号在破冰前行时，他不禁感谢万能的上帝。大家聚在船长的船舱里吃晚饭时，听说了沃克中尉如何带领那艘小型纵帆船冒险进入浮冰带，超越别林斯高晋，航行到南方库克设下的标记。还听说了"飞鱼"号的船员是如何被困在那里的，他们如何转而思念家乡和自己深爱的人；后来，他们执行了沃克的命令，开始了疯狂的冲刺，这最终拯救了他们的生命。

回到火地岛的奥兰治港，现在整个舰队都聚集在这里，除了偷懒的"救济"号。很快，沃克和他的"飞鱼"号成了当时的英雄。一艘90吨的补给船竟然做到了"鼠海豚"号和"孔雀"号没能做到的事情。威尔克斯的"鼠海豚"号只在南部航道上停留了4天，遇到冰层后就开始掉头，后面还跟着失望的"海鸥"号。

威尔克斯以适合南极探险的季节已经接近尾声为由，正式宣布放弃今年的南极任务，这让军官非常怀疑，他们想知道为什么没有早点开始南极任务。威尔克斯对所有探险的细节保密，所以他并没有告诉手下的军官，他接到的命令是在1840年夏天从东部，也就是澳大利亚的悉尼出发，开始第二次南极探险尝试。由于对这些信息并不知情，军官们只能自己推敲结论。结果就是，他们觉得获得荣耀的机会从手中溜走了，从而对威尔克斯产生了一种强烈的恨意。既然威尔克斯已经剥夺了他们执行南极任务的权利，那么，军官们希望他能把交给候补军官的纵帆船的指挥权撤回。当威尔克斯这样做的时候，没有给出任何解释。

在从奥兰治港向北的航程中，舰队遇到了猛烈的狂风，他们渴望在瓦尔帕莱索靠岸休息。当他们匆匆赶到一个海湾避难时，却发现"海鸥"号不见了。几周过去了，他们非常担心，因为"海鸥"号的指挥官是一个没有经验的候补军官。现在的状况越发让他们认为，"海鸥"号已经全员遇难了。但是威尔克斯没有表现出任何的同情。后来，当在新加坡有机会拯救"飞鱼"号的时候，他也毫不犹豫地抛弃了这艘纵帆船，因为他认为这艘船完全是多余的。于是，他将英勇的"飞鱼"号（1839年3月在南极半岛进行了一场不畏生死的战斗，必可算得上是美国最伟大的航海壮举之一）拱手让给了别国。

◆ 插曲："风暴海燕" ◆

南冰洋上的风（其不同的强度和持续时间或许会让人精神一振，或者凉爽宜人，或者危及生命）是整个空间中大气压力差异的表现。反过来，气压取决于从亚热带纬度地区到两极地区的温度和湿度的梯度下降。如果没有这个梯度，没有冰封的两极，地球的气候将难以辨认。如果在环绕南极洲的大洋上从北向南航行，适宜的温度和无冰的温带海水会被气旋造成的风暴取代——这里也是船只的墓地。距离南极洲越近，冰穹和周围海洋中相对温暖的空气之间的温差就越大，于是便产生了具有惊人破坏力的风暴。

1838 年南半球冬季，迪蒙·迪尔维尔率领的法国极地探险队从智利的港口向西逃到南太平洋的安全地带，而在前一年夏天，正是他们引起了三个国家探索南极的竞赛。8 月 1 日，"星盘"号和"信女"号停泊在位于热带地区的曼加雷瓦岛（Mangareva）沿岸，船员非常高兴，因为他们终于结束了为期 2 个月的航行，在此期间，他们基本没有见到过陆地。9 个月后，一场风暴将横穿南太平洋数千英里，将美国对手的纵帆船"海鸥"号击沉。虽然法国人对此并不知情，但他们已经反向追踪了这场凶猛的风暴。

南冰洋的风暴轨迹数据很少，直到国际地球物理年（the International Greophysical Year，1956—1958 年）期间，世界各国在南极洲建立了 20 个新的观测站，也促使人们加强了对南半球高层大气的观测。在国际地球物理年之后，历史气候学先驱休伯特·兰姆（Hubert Lamb）首先发表了对南半球温带气旋的描述。他表示，这种气旋不是有规律的或随机产生的，而是从中纬度地区开始，沿着从东南方向到南极点的路径盘旋移动。兰姆推断，其中一条路径起源于塔希提岛以南的水域，在气旋向北移动并在大西洋上消散之前，它向极地方向盘旋至火地岛和德雷克海峡。1957 年 7 月，在国际地球物理年期间，人们已经记录到不少于 18 场中纬度风暴从西部经过德雷克海峡。

根据兰姆的描述，我们有足够的证据去重新描述那场注定要摧毁"海鸥"号的风暴。1839 年 4 月中旬的某个时候，在新西兰东北部，一团赤道暖空气与向北流动的南极气流相遇，这就是所谓的极地锋系统。密度大而寒冷的气流侵蚀着温暖的空气，首先产生一股气浪，接着形成低压的气旋。在剧烈的温差中，气旋内部储存了相当可观的潜在能量。在盛行西风带的指引下，新的气旋在没有任何陆块来消耗或转移其能量的情况下，开始完成自己的使命：横跨太平洋和南冰洋的广阔水域，将南半球的水分和能量从西北向东南进行重新分配。从气象学角度来看，合恩角周围拥挤的航道与气旋的移动路径直接交汇其实无关紧要。

随着超强的风暴进一步壮大，冷空气带包裹并隔绝了高空的暖空气，从而使自身的强度达到最大。飑①从前进的锋面上脱离，催生出飓风强度的狂风。这个气旋先是在平静的塔希提岛水域掀起波澜，算是打了个招呼，一周后，它就到达了火地岛以南的德雷克海峡，在那里，世界上最强大的洋流与大气中躁乱的力量合力掀起了一场绝顶的狂潮。在合恩角附近的斯塔腾岛（Staten Island）外，呼啸的大风和海浪席卷了可怜的"海鸥"号，尽管其船身长度超过旗舰"温森斯"号的一半，但重量却只有后者的八分之一，也就是说，这艘船单薄、脆弱、毫无防护。1839年 4 月 29 日的风暴很可能将"海鸥"号的前桅从甲板上撕下，随后将每一块木头砸碎，让它沉入大海。至少对 15 名船员来说，整个过程很快，没有过多的痛苦。船上的首任船长詹姆斯·里德（James Reid）是佛罗里达州长的儿子，他遇难后，家中只剩他年轻的妻子和一个他还未曾见过的孩子。

众所周知，水手是很迷信的，他们在给自己的船起名字时，总是一厢情愿地希望自己的船有如名字一样的超能力。远海上的

———————————

① 气象学术语，指突然发作的强风。——译者注

鸟类天生便是风暴中的天才骑士，用它们来给船命名自然是非常流行的选择。人们希望，灵活的"海鸥"号能以鸟类的淡定态度面对南大西洋的大风。舰队指挥官也是如此，威尔克斯的绰号"风暴海燕"可能是对他最礼貌的称呼。这个绰号表达了一种含蓄的希冀，即抛开他的坏脾气不谈，人们希望查尔斯·威尔克斯可以被赋予与他同名的海鸟一样的顽强力量，并将整个舰队一起带回弗吉尼亚州。然而，按照同样的逻辑，"海鸥"号的命运（基本可以说是威尔克斯的过错）对"风暴海燕"和其手下的人来说都不是什么好兆头。

南冰洋是其非凡的本土鸟类的代名词。英国诗人柯勒律治读了库克著名的《库克探险记》后，深受启发，于是写了一个关于梦魇的故事，通过一部令人难忘的人与鸟的心理剧，讲述了人在浩瀚的南冰洋上驶向冰层的过程。他笔下的老水手"独自一人在那辽阔无际的大海上"，只有一只信天翁陪伴着他，这让他一直保持着警惕。老水手无缘无故地杀死了这只鸟，于是这个世界便充斥着恐怖的气息。而在真实的南冰洋中，不仅有信天翁，还有一支由海燕、贼鸥、海鸥、燕鸥、鸬鹚、锯鹱和塘鹅组成的空中舰队，护送着作为不速之客的人类向极地前进。一只南极的海鸟会首先出现在船尾，原地盘旋，享受着上升气流带来的乐趣。有时，它还想有点变化，于是它会滑过船头，让甲板上的看客们看到它飞行时紧绷的腹部（也许正是这种视角诱使柯勒律治笔下的老水手杀了那只鸟）。即使当"海鸥"号（以及船上的人）在致命的风暴中为生存而战时，这只鸟也会俯冲，然后在甲板上方迎风停在原地，丝毫不在意自己下方的混乱，仿佛在嘲笑人类的无助。南冰洋的大风对这些鸟没有任何威胁，一旦羽翼丰满，它们除了交配再也不会返回陆地。

20 世纪 60 年代末，科林·彭尼奎克（Colin Pennycuick）进行了一次里程碑式的实验，为了解开鸟类飞行的奥秘，他在风洞中拍摄了鸽子的状态。他尤其感兴趣的是鸟类在大风条件下的非凡韧性。利用自己掌握的直升机工程学知识，他将鸟类想象成一个圆盘（即翼展外侧形成的圆周的极限），在风的影响下，它的身体会产生向下的阻力，来让自己在空中停留。鸟类的飞行速度与能量之间的比率形成了一个著名的 U 形曲线，这也揭示了鸽子在飞行中进行微调的能力。事实证明，鸟类有两种最佳速度：一种是能量消耗最少的速度，一种是飞行距离最远的速度。在风洞之外的真实世界中，鸟类可能会根据其觅食、迁徙或筑巢的需要，从一种速度切换到另一种速度，其所需的速度会随着不断变化的气流而以秒为单位发生变化。

在发表了这篇极具突破性的论文之后，彭尼奎克有机会进一步在鸟类学方面展开研究，从普通的、相对低等的鸽子开始，到在异国他乡观察那些极具魅力的鸟类。南冰洋海鸟一生都在地球上风最多的海域飞翔，它们是鸟类飞行学最佳的研究对象。因此，1979—1980 年的夏天，彭尼奎克来到了亚南极地区的南乔治亚岛，这里是南冰洋上鸟类数量最多的筑巢地。他来这里进行为期 3 个月的鸟类飞行观察，希望看到传说中的信天翁和南极风暴海燕的飞行方式，这两种动物都属于鹱形目。

这些鸟从海岛西北端一个露出地面的岩层开始，飞向高高的海岸山脊上方，然后沿着悬崖陡峭的斜坡向大海飞去。它们迎风或逆风飞行，而不是顺风飞行，沿着每一个浪尖呈"之"字形前进。信天翁翅膀下垂的前缘使这种巨鸟能够把握每一个海浪的上升气流，从而以最小的消耗获得最大的上升幅度。在所有南极海鸟中，信天翁因其体格和身体机能方面的原因，成了最善于利用风的势能的鸟类，因为风会搅动和猛击不断变化的海平面。

在解剖台上，彭尼奎克揭开了信天翁的工程学秘密。这种鸟类有一个扇形肌腱，从胸骨延伸到肱骨，覆盖了整个外胸肌，能够保持翅膀的水平状态。进化已经决定，任何鸟类都不应该为了保持稳定而与南冰洋的风作斗争，或者在大风中冒着断骨折翼的风险（想想"海鸥"号那被折断的桅杆吧）。除非遇上极其罕见的风平浪静，否则南极的鸟类不会轻易拍打翅膀。当海浪迫使静止的空气向上移动时，信天翁就会加速。在最高速度下，它会突然倾斜（这个动作非常惊人），将多余的动能转换为势能，每当它离开一股海浪的时候，它就会转而利用下一股海浪。

信天翁那空气动力学意义上的轻松惬意为人所称道，和它相比，威尔逊风暴海燕那"翅"忙脚乱、近乎疯狂地拍打翅膀完全是另一个极端，这也是查尔斯·威尔克斯被称为"风暴海燕"的原因。风暴海燕是彭尼奎克的研究中体形最小的鹱形目动物。虽然它的体重只有信天翁的1%，却能为自身的远洋飞行提供近30个小时的动力。不过，在海浪之间飞驰时，形如燕子的风暴海燕将在2个小时内燃烧几乎等同于自身重量的能量。

无论体形大小，南极的海鸟都具有完美的环境适应性特征。计算它们的飞行距离后可以发现，它们的飞行路线显然难以预测，却是从筑巢地到觅食地的最短路线。最重要的是，其翅膀的构造嵌入了数百万年来经历海洋风暴的经验，这是一项长期的物种数据收集产生的结果，可以让任何一只信天翁或海燕（比如在南乔治亚岛的观测站或一艘沉没的探险家船的甲板上可以观察到的那种）在大风条件下不受限制地利用风的力量。对于这些出生在南半球巨大风洞中的鸟类来说，呼啸着的风暴是一首摇篮曲。

雪海燕是生活在地球最南端的鸟类。它只在南极洲繁殖，也只能在南极点附近目睹其身影。"海燕"（petrel）这个名字来自圣彼得（Saint Peter），这些鸟在起飞时似乎是在水面上行走（实际上是奔跑）。

来源：约翰·理查德森（John Richardson），《"幽冥"号和"惊恐"号之旅的动物学》[①]（*The Zoology of the Voyage of the HMS Erebus and Terror*，伦敦：E. W. 詹森，1844—1875 年）。生物多样性遗产图书馆 / 伍兹霍尔图书馆。

对于骇人的南极大风，"风暴海燕"威尔克斯和他手下一直受苦受难的军官大概并没有做好准备，但他们却引领了一种追踪海上风暴的热情。在受人尊敬的科学领域，气象学的发展起步较晚。直到 19 世纪，天气记录一直被认为是神职人员或者怪人的爱好。但极端的天气事件，尤其是风暴和飓风，对大西洋航运造成了巨大的损失，也因此为系统调查奠定了基础。

1831 年夏天，平地起惊雷，《美国科学与艺术杂志》（*American Journal of Science and Arts*）刊登了一篇论文，推动气象学作为一门科学在美国流行开来。用气象学家埃里克·米勒（Eric Miller）的话说，1831 年这篇具有里程碑意义的论文发表之后，"在 10 年内取得了之前 1000 年都没有取得的成果"。

---

① 　书籍名自译。——译者注

威廉·雷德菲尔德（William Redfield）是纽约的一位机械师，也是名不见经传的业余气象爱好者，他在《论大西洋沿岸盛行风暴》（*Remarks on the Previding Storms of the Atlantic Coast*）一文中驳斥了所有关于风暴的流行理论。他认为，风暴是由电能和温度的变化引起的，或者它只是一堆由盛行风推动的云团。通过对极具破坏性的大西洋东北部风暴进行分析，雷德菲尔德认为，这些风暴是"渐进式的旋风"，或者叫旋转低压系统。他回忆道，在一场暴风雨后，他和儿子一起穿越新英格兰（New England），他看到几英里外的树木被吹向不同的方向。这让雷德菲尔德瞬间明白了一件事：风暴系统内的风独立于风暴本身的运动方向运行，并以逆时针方向旋转。这看起来是一种气象上的混乱（风从四面八方吹来），实际上是一种组织严密、可以加以分析的现象。

雷德菲尔德的理论对大西洋海洋界产生了深远的影响，对大西洋附近的政府以及学者也同样如此。对于那些之前被归结为天意的灾难性风暴，我们现在可以追踪甚至预测其形成和发展。英国气象学先驱威廉·里德（William Reid）在其颇具影响力的著作《风暴定律》[1]（*Law of Storms*）中支持了雷德菲尔德的理论，该书出版于罗斯和威尔克斯探险队启程前往南极前夕；而牛津大学的一名年轻大学生约翰·罗斯金（John Ruskin）则从当下地球的角度探索了部分可能性。这位新秀评论家写道，"追踪全球风暴的移动路径"是气象学家的使命，但凭他一个人无法做到这一点。现代气象学面临的挑战是，必须从全球各地收集数据，还要有协调全球的观察员。欧洲和北美新兴的气象学会必须成为科学"机器的推动力量"。一个由天气观测者和风暴追踪者组成的全球

---

[1]　书籍名自译。——译者注

性社区（通过其汇总的数据）能够为汇聚成知识提供"一个强大的头脑……一只巨大的眼睛"。1839 年，20 岁的罗斯金在基督教堂的宿舍里，展望了我们现在的世界，这里有轨道卫星，有 100 万个数据点组成的气候模型，还有天气频道应用软件（Weather Channel）[1]。这些设施的的确确构成了一个巨大的科学机器。

罗斯金发表了他对新气象学的看法，正巧在这个时候，美国探险远征队开始向南极洲航行，进入了一片明显不了解其天气数据的地区。参加探险队的每一位军官都沉浸在雷德菲尔德和里德的著作中，并且非常渴望检验他们的理论，特别是南半球的风暴风向与北半球的相反。他们不可能知道的一点是，他们在罗斯金那"巨大的气象机器"中发挥作用的机会，会在第二年沿着地球上风暴发生频率最高的海岸线，以超出任何人想象的强烈形式出现。

然而，就像关于美国探险远征队的各种事情一样，气象探索的前景在刚开始的时候似乎非常暗淡。威尔克斯认为自己是气象员中的先驱，但他并不具备罗斯金构想中的现代精神。他将所有的数据据为己有。当舰队的科学家们（包括美国杰出的地质学家詹姆斯·达纳）向他们的指挥官提出建议，由整个舰队合作绘制一张探索南太平洋急需的天气图时，"风暴海燕"下令让他们去收拾行囊。于是，人们若想要了解南冰洋的天气数据，只能等待"英雄时代"的探险家，以及国际地球物理年了。根据这位美国指挥官的说法，在世界上，气象学"巨大的眼睛"有且仅有一只——那便是他自己的眼睛。

---

① 一款生活服务类软件，有超过 200 位气象专家通过各类技术为人们提供气象预报等服务。——译者注

第六章　迪尔维尔夫人的信

　　1838 年 3 月，迪尔维尔的"星盘"号和"信女"号刚刚从威德尔海的浮冰中逃出生天，随后抓住南半球夏天的尾巴，从智利西端向北绕行。他们沿着巨大的科迪勒拉冰盖（Cordilleran glaciers）航行。天空纯净，冰层耀眼，只有相对温暖的空气表明，他们已经离开了南极水域。在塔尔卡瓦诺（Talcahuano）停留了一段时间后，他们再次向北航行到瓦尔帕莱索①，在那里，他们遇到了一艘邮船。官兵们挤满了甲板，而迪尔维尔的心在怦怦地跳着。他分发了一百余封信，却始终没有看到自己的名字。最后，在麻袋的最底部，他看到了一封信，在信封上，他的妻子用潦草的笔迹写下了地址。虽然他已经猜到了信里的内容，但在他打开这封信的时候手依然在颤抖。迪尔维尔夫人的信现在保存在巴黎国家图书馆，信纸上满是泪水浸湿的痕迹：

　　　　我的丈夫，当我听到孩子们那锥心刺骨般的哭声，所有记忆涌上心头。你为什么不在我身边？我孤苦伶仃，无依无靠，悲伤席卷了绝望……啊，我的埃米尔。霍乱来袭，他龇着牙，咧着嘴，难受异常，伴有持续的腹泻和呕吐，头昏脑涨。他发出撕心裂肺的哭声，眼睛茫然地瞪着，头被抓伤，还留下了淤青。他是多么漂亮的一个孩子啊。他们把他从我身边带走了，他的手是多么漂亮啊。当你收到

---

① 两城市均为智利港口城市。——译者注

这封信的时候，想必你已经完成了你的工作。你现在可以回来了，对吗？这是我唯一的愿望。荣耀、声誉、财富，我诅咒它们。你让我付出的太多了。

迪尔维尔无心办理进入瓦尔帕莱索港的常规手续。他回到自己的船舱，给阿德利写了一封长信。他把对死去的儿子埃米尔的哀悼写在了信中。虽然他诅咒自己决定进行南极航行的那一天，但他不能同意妻子希望他回来的请求，他必须继续自己的使命。迪尔维尔夫人会细致地照看幸存下来的孩子朱尔斯，这个孩子在学院中表现优异，即使迪尔维尔不在，他也会与母亲一起坚强地生活。

阿德利那封如预言一般的信就放在迪尔维尔的书桌上，这让他预感，更多的不幸即将来临。即使在这个繁忙的港口，关于海上航行的流言满天飞，他也未能发现任何关于美国极地探险活动的消息。在南极，他每天都觉得会遇到威尔克斯在冰层上巡逻的某一支舰队，或者更糟糕的是，在南部地平线的边缘看到星条旗。但什么都没有发生。现在他想知道，他在里约获得的情报到底是否有误？是不是今年夏天美国人根本就没有前往南极？这些问题一直困扰着他。

迪尔维尔也一直想着他的英国对手詹姆斯·罗斯。他在瓦尔帕莱索获得的第一次社交邀请不是来自海岸上的人，而是来自停泊在海湾中的一艘英国护卫舰。那艘船的船长似乎很清楚他们是谁，而且急切地想知道他们南极之行的消息。在双方正式的介绍中，迪尔维尔可以感觉到英国军官的警惕。但当他们得知"星盘"号和"信女"号没有到达南纬 64 度以南的地方，离威德尔的记录还很远的时候，船舱里的气氛瞬间缓和了下来。

迪尔维尔默默地看着军官们，而军官们则完全把失望的情绪发泄出来。他们向英国人解释说，出现浮冰的位置比预想的更靠北，他们被浮冰困住，遭受了巨大的痛苦。但他们已经绘制了冰川地图，以及设得兰群岛以南数百英里未知半岛的海岸线图。如果当时条件允许的话，他们的指挥官会带领他们继续向南，也许会到达南极点。当英国皇家海军的军官们纷纷表示同情时，迪尔维尔感到非常难为情。英国人表示，法国朋友一定不要责备自己，这是一次崇高之旅，这些海图是法国航海的成果，他们不能因为没有超越威德尔就认为自己的南极之行是一场完全的失败，因为大家都知道，那个捕鲸人是非常幸运的。

英国死敌那笑声中的傲慢已经让他们足够痛苦了，但事实证明，这只是英国人羞辱他们的开始。迪尔维尔在塔尔卡瓦诺失去了宝贵的人手，其中2人死亡，6人病得无法动弹，2名不满者退出，8人当了逃兵。法国"阿丽亚娜"号舰长杜豪－西利（Duhaut-Cilly）本应听从迪尔维尔的命令，但当迪尔维尔向杜豪－西利解释自己的困境时，杜豪－西利显得很尴尬。他告诉迪尔维尔，他不能抽调"阿丽亚娜"号上的任何船员。这位船长违抗命令的行为可谓前所未闻，"星盘"号和"信女"号以及其指挥官在瓦尔帕莱索蒙羞，迪尔维尔很快就知道了原因。原来，来自塔尔卡瓦诺的一份报告恶毒地宣称，法国南极考察团几乎一无所获，指挥官迪尔维尔甚至不敢进入麦哲伦海峡，一看到冰就像个懦夫一样掉头逃跑了。

迪尔维尔猜测，诽谤的源头或许来自他的同胞：在塔尔卡瓦诺迎接他的法国船长。他又一次觉得自己是法国"海军精神"的牺牲品，这种"精神"通常把同行间的嫉妒置于爱国主义之上。如果英国探险队无意中知道了这些虚假的报道，那么南冰洋上的每一位英国皇家海军军官都会认为，为了维护集体荣誉，迪尔维尔隐瞒了事实。与此同时，法国人内部会同室操戈。

迪尔维尔的军官们不太习惯这种背信弃义，因此非常愤怒。他们人手一份地图和日志，像一支军队一样在瓦尔帕莱索到处宣传，把他们长达两个月的冰上之旅的全部过程告诉每一位他们遇到的军官，包括他们经历的恐怖、展现出的英勇和看到的那不可逾越的浮冰。与此同时，迪尔维尔向在巴黎的长官发送了一份义正词严的官方报告，赞扬了团队的努力，并将这份报告在瓦尔帕莱索四处传播。那一周还没过完，杜豪 – 西利就满怀歉意地再次来到迪尔维尔的船舱，并且提供了迪尔维尔所需人手的名单。"阿丽亚娜"号的几名船员是自愿报名的，他们非常向往极地探险的荣耀。

现在，迪尔维尔的所有忧虑和盘算都转移到一项新计划上了。尽管法国国王希望他能尽快将法国国旗插在南极，但他不会在第二年夏天（也就是1839年1月）返回南极。他先是经历了一场磨难，紧接着又是阿德利的信，他知道自己没有足够的精神和体力再来一场冰上的战斗，"星盘"号和"信女"号的船员也是如此。无数的事实已经让他充分认清了这一点。

相反，他会带手下的船员向西进入太平洋，前往他前两次环球航行中熟悉的岛屿——舒适的热带地带。在那里，他们将绘制海岸线图，研究当地语言和习俗，收集贝壳、植物和动物标本，供国家博物馆收藏。那里有新鲜的水果，充足的阳光，士气低落的船员也会得到充分的休息。他不会告诉任何人他们的南极计划只是推迟，而不是取消。

但这个计划存在一个令人遗憾的缺陷，那就是会违反国王的命令，还会冒着终生蒙羞的风险。他们这一年的休假也会给英国人和美国人提供机会，后两者肯定会在1839年年初争夺率先到达南极的荣誉。自从他们抵达瓦尔帕莱索以来，迪尔维尔总会在晚上因儿子的离世而悲伤到无法入眠，而白天的大部分时间他都在担心美国人的航海进程。如果威尔克斯探险队像他们之前一样被困在冰上，那么他将召集他的军官尝试第二次探索南极，这一次他们会从太平洋另一边的塔斯马尼亚岛出发。除了捕鲸船，很少会有船只从霍巴特港向南航行。如果通向南极的真正道路就在那条航线上，这将是他职业生涯中最伟大的胜利。

但迪尔维尔太谨慎了，任何乐观的预测，尤其是他自己的预测根本无法让他安心。如果选择绕过南极洲，在太平洋进行为期一年的巡航，那么他将面临的残酷事实是，当他在塔希提的海滩上喝椰子汁时，美国人早已在南极点升起了国旗，那样一来，他根本没有任何挽回自己声誉的余地。在那种情况下，他肯定会发誓再也不回法国，哪怕是为了可怜的阿德利。与其面对这种耻辱，他和他的部下宁愿无限期地环游地球，一圈又一圈，永远在海上度日。

我们已经知道，巨型企鹅曾随着洋流从南极半岛的栖息地向西迁徙，穿越古太平洋，到达塔斯马尼亚和新西兰的新生海滩。数百万年后，在1839年的南半球冬季，"星盘"号和"信女"号沿着同样的路线从南极半岛出发前往澳大利亚，在太平洋岛屿间航行，到达东南亚群岛。在旅程的最后，他们在苏门答腊岛遇到的挫败几乎让迪蒙·迪尔维尔对于南极的雄心壮志惨淡收场。

两年来，"星盘"号和"信女"号的船员艰难地忍受了南半球的极端气候，包括南极圈的冰层和滔天的海浪，太平洋的炎热，以及东南亚潮湿的岛屿海岸。他们经受住了冻伤、坏血病、发烧、腹泻、灼热的晒伤，以及糟糕单调的饮食。经历了这一切之后，幸存船员的健康状况基本与离开土伦那天一样。事实上，近几个月来，当他们查看自己的日历时，他们的心情愈发愉悦：

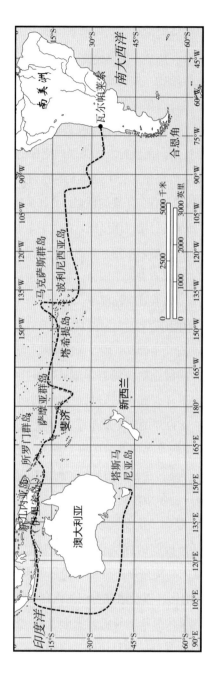

1838—1839 年夏天，迪尔维尔没有冒险进行第二次南极探险，而是带领探险队进行了一次大范围的南太平洋之旅，他在 19 世纪 20 年代曾两次来到这里。

一天又一天，回家和家人团聚的日子越来越近了。然而，痢疾毫无征兆地袭来。

对于一艘距离任何港口都超过 1000 英里的船来说，在一片平静的海面上，甲板下有大量的人生病和死亡，都是一种凶险的状况。"星盘"号和"信女"号走着同样的航线，同样因疫情肆虐而在冰冷的海洋上停滞不前，很显然，计算其中的风险时需要直接乘以二。1839 年 11 月，"星盘"号和"信女"号在澳大利亚西海岸漂流，在两艘船沉寂的甲板上，一场诡异的夜间仪式同时开始。右舷的值班船员把近来死去的人裹在一块布里，然后悄悄地把他抬到甲板上一个通向大海的舷窗旁。在那里，他们将尸体放在一块木板上，并将一个甜瓜大小的炮弹绑在死者光着的脚上。他们将这副饱受摧残的白色躯体清洗干净，给他的制服夹克扣上扣子，把帆布缝在他那头发蓬乱的头上。军官们聚集在一起，但（为了士气）没有进行临终祈祷。有时，当尸体头朝下滑入倒映着星光的印度洋时，浪花会在那一刻离奇地升起，好像在认领死者一样。

这种葬礼会在夜间进行，为的是避免姊妹船上的船员看到死者滑向大海，或者更糟糕的是，一条鲨鱼会将尸体咬得血肉模糊。白天，一块白色的布在甲板上的两桨之间展开，预示着又有一人离世，而在下一次的夜间葬礼中，这艘哀悼逝者的船会小心谨慎地驶离自己曾经的同伴，既印证了一个人的离世，又为其尸体打了掩护。于是，又有一人牺牲在了前往南极探险的路上。

1839 年 11 月的最后一周，饱受打击的法国护卫舰跌跌撞撞地驶入霍巴特港。塔斯马尼亚州州长约翰·富兰克林爵士（后来不幸地成为"幽冥"号执行北极任务的队长）为疲惫的指挥官带来了一包信件。迪尔维尔简单地看了看妻子的信，得知她的悲痛已经有所缓解。不过，更令人担忧的是海军朋友们的来信，他们直截了当地告诉迪尔维尔，两年前的夏天，他第一次探索南极的尝试没有给法国公众留下任何印象，后面的航行也是如此，探险队可能被完全遗忘。尽管迪尔维尔听到这个消息之后非常痛苦，但他明白了一件重要的事：如果他曾经质疑自己再次前往南极的决心，那么这些质疑现在已经烟消云散了。对于像迪尔维尔这样的名人探险家来说，公众的冷漠比死亡更残酷。

法国探险队的医生对即将进行的第二次南极之行感到沮丧和难以置信。在霍巴特河边匆忙翻修的医院里，他们恳求再给伤残者一些恢复的时间。但没有更多的时间了，南极的夏天非常短暂，一月和二月是唯一有可能出现零度以上气温的时候，同时冰川带之间也会出现一条通道。

为了在南极取得成功，迪尔维尔需要新的人手，毕竟他们的损失非常大。12 月 28 日，距离迪尔维尔正式的出航日还有 3 天，副指挥官雅基诺（Jacquinot）向船长"展示"了他在霍巴特港招募的"新人"。迪尔维尔看后非常震惊，因为在"信女"号甲板上的 20 名新人中，只有几个人看上去能够出海。最有希望的是几名法国捕鲸船上的逃兵，一些背景可疑的英国水手也可以；但剩下的人都是罪犯或白痴，拿着绳子的时候都能看出他们的茫然，其中一个人的精神十分异常。基本上没有人能说出自己的真实姓名，不妨想想，有几个英国母亲会给自己的儿子取名为"威廉·沃森"（William Watson）？这些逃犯宁愿冒着生命危险去南极，也不愿意在塔斯马尼亚获得应有的惩罚。他们的绝望连迪尔维尔都望尘莫及。

有一个问题让迪尔维尔困扰多月且十分揪心，那就是他是否有足够的人手驾驶两艘船前往南极。直到出发前的最后几个小时，他还在纠结这个问题。当迪尔维尔下令将病房里一整排虚弱的病人搬回船上时，医生们怨声载道。他提拔了几名经验不足的候补军官为代理中尉，加上那些法国逃兵和几名英国逃亡者，船员的人数奇迹般地达到了 65 人，满足了每艘船上所需人手（军官和船员）的最低要求。他已经做了他必须要做的事，至于是不是如他所想，历史将会作出判断。

1840 年元旦清晨，在与州长和其夫人简·富兰克林（Jane Franklin，迪尔维尔英国死敌的亲密朋友和一国同胞）生硬地告别后，迪尔维尔率领两艘法国护卫舰起锚，沿着德文特河（River Derwent）缓缓驶向了他们的目的地——南冰洋。迎面而来的微风让即将离开的水手能够最后一览德文特河沿岸那陡峭而树木繁茂的山丘，最后一次呼吸"新荷兰"（New Holland）①那清新的、混杂着桉树气味的空气。在遥远的南方，等待他们的是一个没有气味、没有植物、一切未知的目的地。视线所及，仅与水手相处两周的情人们挥舞着手帕，因此，船上没有人急着去到甲板之下。

在他们离开几小时后，受欢迎的探险队绘图员欧内斯特·古皮（Ernest Goupil），同时也是船上的最后一位痢疾患者去世了。第二天，在倾盆大雨中，他成为第一位也是最后一位以军礼埋葬在澳大利亚土地上的法国艺术家。他的遗体被一辆挂着法国国旗的马车带到墓地，而墓地上是一座草草竖起的石碑，用来纪念 1838—1840 年法国南极探险队阵亡的英雄。古皮的名字被刻在上面，这份荣誉榜上的人数达到了 33 人。当地的石匠对这两艘船以及它们将要探索南极的故事有所了解，于是，他小心翼翼地在纪念碑上贴了几块空白的板子，以备后面有更多的名字会出现在这上面。

---

① 荷兰人最先来到澳大利亚，并绘制了这片大陆的海岸线图，随后将这里命名为"新荷兰"。——译者注

第七章　落后的罗斯

　　1840 年 1 月，在美国对手步步紧逼的压力之下，迪蒙·迪尔维尔不惜一切代价向南极发起了第二次挑战。当时，英国探险队才刚刚抵达南半球，开普敦是他们进入南冰洋的起始地。"幽冥"号的甲板下，约瑟夫·胡克和一群下级军官在船的中间位置铺好了铺位。在风平浪静的日子里，早餐、下午茶和晚餐所使用的器具在餐具柜上平稳地放置，旁边还放着镀银的餐具和水晶玻璃酒瓶。但南冰洋的海面却很少平静，这些军官们自掏腰包准备的奢侈品现在大多被收了起来。

　　由于他们的床位是横向的，所以胡克和他的膳宿伙伴们在南冰洋不断翻滚的海浪中遭受了巨大的痛苦，那里的海浪也许可以环绕地球一圈，且不会受到海滩的阻隔。这不可避免地使得吃饭成了一件痛苦的事情：躺在铺位上几个小时，一分钟会有两次向下俯冲的感觉，这时肚子里的东西会返到胸腔。早在穿越赤道之前，他们就已经吃完了新鲜火腿、土豆和蔬菜，现在只能吃船上的储备食物，包括盐渍牛肉、盐渍猪肉和豌豆汤，永无止境地循环这些令人反胃的菜谱。葡萄酒消耗量也相应地增加，直到它稀有到必须限量供应。

　　胡克从父亲那里得到了最后的 10 英镑，他用这些钱买了窗帘和地毯装饰自己的船舱，还买了一张铺着油布、用于解剖的工作台。在他的办公桌上方，挂着他在因弗莱克（Invereck）徒步旅行时画的全家素描画像。在其中一张画中，他在苏格兰高地画了他心爱的弟弟威廉及其妻子，还有他们养的狗。在另一张画中，他捕捉到了他的妹妹玛丽写生的瞬间，当时威廉的猫就在她身边。在画中，全家人在爬山，而胡克以维多利亚时代的热情描绘了当时的风景。有一次在特洛萨克斯（Trossachs），约瑟夫和威廉在3天内走了110英里，口袋里只有一大块面包。在"幽冥"号4年的航行中，每当约瑟夫躺在简易床上时，他的思绪便会回到家乡，他更愿意想象自己和家人在因弗莱克的荒野中，而不是在格拉斯哥（Glasgow）伍德赛德新月街（Woodside Crescent）狭小的客厅里，那个他实际长大的地方。

事实证明，胡克并没有在船舱的办公桌前待多少时间。罗斯船长意识到，威廉·胡克爵士的儿子（罗斯最初完全是看尊敬的爵士的面子才带胡克上船的）并不是一个毫无用处的绅士游客，而是一个真正致力于自己职业的人，于是，他在船尾窗下的船长舱里给胡克安排了一张桌子，还配有充足的照明，同时允许胡克把显微镜和标本纸放在书桌抽屉里，整个柜子都可以放植物标本。除此之外，船长舱的地板上还散落着十几个箱子、水桶和瓶子，用于收集越来越多的海洋样本。胡克曾受过植物学家的训练，但在远海，他基本上被剥夺了接触植物的权利，不得不成为一名海洋生物学家。不久，他意识到，在这方面颇有野心的船长让他上船，只是为了找一个进行海洋研究的小跟班。

坐在船尾舷窗下宽阔的桌子前，胡克可以看到船的尾流中的两张拖网，一天当中，这两张网会从海水中捕捞多次。当他们到达非洲海角时，他已经借助船长的高级显微镜绘制了200多种软体动物和甲壳动物的草图。由于最好的捕捉时间是晚上9点左右，所以他和罗斯经常在烛光下熬夜工作到凌晨3点。船长一心扑在他每天进行的复杂的磁力观测工作上，偶尔会来胡克这里，看着胡克在标本腐烂之前匆匆描绘生物，看看那些新奇而又脆弱的海洋奇迹。

　　航行刚开始的时候，在巴西附近的热带水域，他们遇到了大片闪闪发光的鳞海鞘，水手们称之为"海泡菜"。到了晚上，在这些鳞海鞘旁边，胡克甚至可以借助它们散发的银色光芒看书。一天晚上，在开普敦附近的西蒙斯湾（Simon's Bay），拖网中捕获了不下 30 种不同的生物，包括虾、螃蟹、蠕虫和海绵，还有如画一般的珊瑚。胡克整夜无眠。在从凯尔盖朗岛到霍巴特的漫长路程中，他们历经了多场风暴，航程中经过了多条数英里长的如软体动物一般的航线，它们蜿蜒曲折，像巨大的棕色海蛇一样在水面上扭动。随处可见的海藻是最好的生物库，胡克他们从中提取了无数微小的蠕动生物，由于他们从未见过这些生物，只好将其保存在罐子里，留待以后命名。

　　在向自己的植物学家父亲讲述在船上的生活时，胡克非常谨慎，尽可能地弱化自己的海洋研究，但他发现，自己完全被显微镜下的微观海洋世界迷住了：那些漂浮的小贝壳长着一些用来推进的微小附器，有的像翅膀，有的则像脚，像帆，像气囊，像鳍。到了晚上，"幽冥"号的船尾处会被上百万种微生物发出的光照亮。闪烁的灯光似乎吸引了那些无处不在的小磷虾。每一次下网，不费吹灰之力就能捕捉到数千只磷虾。在胡克的坚持下，他们开始整理一份海藻目录，于是，船上的膳宿管理员逐渐对这样一幅景象感到厌倦：船长和这位博学的年轻绅士一起专注于那些坚韧的绿色杂草，他们将这些植物放在盐水桶里沥干水，然后将其封在瓶装的烈酒中，或是把一大堆乱七八糟的植物放在桌子上晾晒。

　　两人对这种工作关系都非常满意，船长尤其满意。罗斯认为胡克从大西洋岛屿收集的植物是他所见过的最好的东西，对此，胡克不置可否地回答说，船长显然从未见过真正的植物标本。按照海军方面的规定，这些科学战利品（海军部中相当数量的平庸之辈都认为，无论如何，这些东西不能成为探险中的一部分），无论是标本还是针对这些标本的观察结果都属于海军部。关于"私人"收藏的问题也悬而未决，显然，提起这件事是个很不明智的做法。前一年夏天，在查塔姆（Chatham）的码头，没有任何资历可以吹嘘的胡克大步走进罗斯的船舱，要求成为探险队的博物学家随船一起前往南极洲，由此可以看出，胡克并不在意海军的那些俗礼。在圣赫勒拿岛（Saint Helena），他又一次展现出了对海军部规定的漠视，他偷偷将一箱植物标本和一份含有大量注释的笔记副本一起运到了位于邱园的父亲手中。现在，当他看着船长舱里越来越多的海洋标本罐时，他并没有抱着一种欣赏的态度，反而想知道它们属于谁，以及谁能获得发表这些标本研究成果的荣誉。

在从凯尔盖朗岛向东航行到塔斯马尼亚岛的过程中（当时他们已经离开英国好几个月了），约瑟夫·胡克满心幻想着，当他们抵达霍巴特的那一刻，他会打开第一封家信。然而，当那一刻到来时，他感到的只有震惊。父亲寄来的信有一圈黑边，上面写着"致我唯一的儿子"。胡克的弟弟威廉·胡克在一次短暂的病期之后去世了。胡克悲痛不已，他顿时觉得整个南极探索的奇迹故事化为了虚无，因为在胡克的想象中，这些南极故事的倾诉对象正是威廉。在霍巴特停靠期间，他拒绝了所有前往政府办公地的邀请，而探险队的其他军官（在简·富兰克林夫人的撮合下）则与霍巴特当地名门望族的女儿共度欢乐时光。这位年轻的博物学家在小镇后面的山上躲避社交活动，在那里，他耗尽了所有体力，只为完成一套花卉标本的收集。这套最真实、最完整的标本成为塔斯马尼亚岛所有植物学的基础。

　　胡克的父亲却看不到自己孩子的努力，他带着日益沮丧的情绪将胡克从圣赫勒寄回来的第一批标本分拣完毕。这些标本在经过长途旅行后基本不成样子，以至于附带的详细说明几乎毫无用处。约瑟夫·胡克收到父亲的一封信，在信中，父亲训诫他缺乏努力，这对他来说是一个沉重的打击。这位年轻人在经历了生命中最糟糕的几个星期后，忽然发现自己向往冰川，希望那纯净、令人麻木的寒冷能够治愈他受伤的心灵。

　　詹姆斯·罗斯收到的坏消息不是从家里传来的，而是来自曾和他一起前往北极的老伙计约翰·富兰克林。这位官员告诉他，"星盘"号和"信女"号在前一年春天以非常糟糕的状态抵达了霍巴特。他们在东印度群岛感染了痢疾，迪尔维尔已经损失了几十名士兵，其中包括一些非常优秀的军官。有一段时间，这位法国人是否有足够的人手来驾驶哪怕一艘船都成问题，更别说第二次探索南极了。但迪尔维尔的坚定决心和专业技能帮他克服了障碍，法国护卫舰已经正式起航，前往南极水域。

　　更糟糕的是，从罗斯的角度来看，法国指挥官已经向富兰克林透露，他打算完全按照罗斯本人为"幽冥"号和"惊恐"号设计的航线前往南极。被法国对手抢先一步，罗斯的愤怒之情溢于言表。在霍巴特停留期间，即使简·富兰克林夫人对他的关注是出于将他作为"皇家海军中最英俊的男人"，即使持续不断的社交活动带来了各种欢声笑语，但都无法缓解他的消沉。事实上，这些事反而让他徒增忧虑。"惊恐"号的船长克罗泽很快就爱上了简夫人的闺蜜索菲·克拉克罗夫特（Sophie Cracroft），一个会说法语的年轻女子，其美貌让所有军官为之倾倒。然而，她拒绝了可怜的克罗泽（他显然不是那种有女人缘的男人），同时暗示她更喜欢罗斯。这一件事似乎让罗斯的这位老朋友陷入了深深的沮丧之中，而他一直以来的开朗乐观正是现在的罗斯最需要的。

詹姆斯·罗斯是女王的士兵。在他的思维中，英国在两极地区拥有的所有权永远不应受到质疑。他自己在探索南极这一事业中投入的时间和精力，还有英国在塔斯马尼亚和新西兰的驻扎部队，以及詹姆斯·威德尔的壮举，都证明了这些南半球的水域属于英国，是堂堂正正探索得来的。但迪尔维尔竟无视这一切，现在，一名英国指挥官竟然无法跟上一个法国人的脚步。所以罗斯推翻了自己的计划。从一开始他就在三个国家的南极探索竞争中落后一步，只有更加激进的方法才能获得反败为胜的机会。因此，他将调转船头向东南方向航行，进入一个从没有法国人到过的未知之地。一旦看到浮冰，他便再也没有回头的机会。事实证明，在这场历史性的南极探索之争中，罗斯在霍巴特的孤注一掷决定了最终的结果。

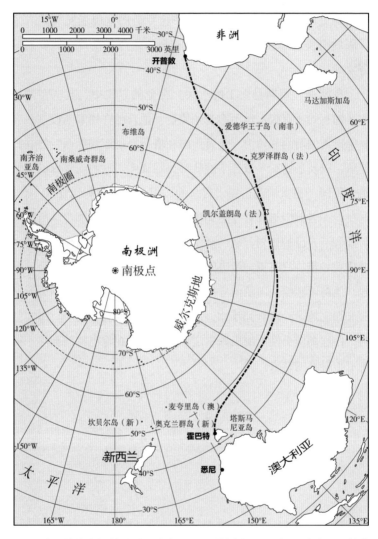

对于前往南极的路线，詹姆斯·罗斯选择了一条与对手不同的航线，他于 1840 年 8 月抵达塔斯马尼亚的霍巴特，途经凯尔盖朗岛穿越印度洋。

第三部分
伟大胜利

第八章　硅藻之海

"幽冥"号和"惊恐"号从霍巴特出发一周后，穿越了南纬60度，终于见到了冰山的身影。船员们注意到，一股向北的水流像一艘发出警示的拖船一样将他们拉开。在所谓的南极辐合带（Antarctic Convergence），温带水域与世界上最强大的极地洋流相接，海平面以及海洋深处的温差开始剧烈波动。他们终于意识到，在海平面的漩涡之下，有一股巨大的海底涡流。"幽冥"号也被一层橙棕色的海藻包围了。

约瑟夫·胡克曾估计，当他们向南航行进入寒冷的未知之地时，拖网每天的捕获量会减少。但恰恰相反，胡克来到了一个他从未见过的海洋世界。各种鲸（长须鲸、座头鲸和巨大的蓝鲸）在船边巡游，它们在海洋表面吞食海藻，就像牧场上的牛一样。宽翅的信天翁和腾空而起的海燕聚集在一起，数量惊人，有些掠过水面，敏捷地抓起自己的食物，还有一些则穿梭于海浪之中，捕食自己的猎物。在甲板上，两张拖网卸下了这群鸟类的食物：海蝶、海螺、小章鱼，还有壳薄如纸的鹦鹉螺和一些甲壳类动物，以及一些硅藻，它们小到即使在船长的高级显微镜下也几乎看不见。

硅藻是一种极其常见的海洋浮游生物，位于海洋食物链的最底端。硅藻团以丝状的链式结构分散在海洋中，呈现出一种独特的橙色，就像燃烧的黄土。如果船的航速足够慢（小于3节），胡克就可以在船舷用一张细网来捕获大量的硅藻浮游生物。将它们用精织纸过滤并放置在显微镜下后，植物细胞的粒状结构（现在呈现出一种黄水晶般的颜色）清晰可见，而且这是活生生的细胞啊！

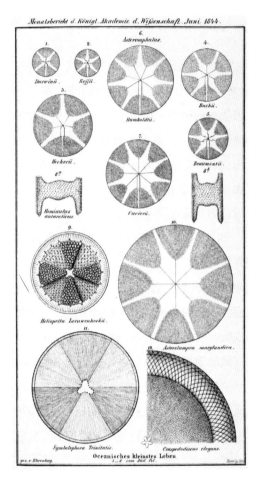

　　南极硅藻，基于约瑟夫·胡克收集的硅藻样本和所画的草图。胡克对硅藻的研究使人类发现了此类生物的 7 个新属和 71 个新种，是维多利亚时代极地航行中最重要的科学贡献之一。

　　来源：埃伦贝格，《普鲁士皇家科学院的谈判》（*Verbandlungen der Königliche Preussiche Akademie der Wissenscbaften*），柏林（1844 年）。皇家学会。

在浮冰边缘和冰山底部，硅藻留下了棕色和红色的斑点。在海面因寒冷而凝结的地方，也就是冻结的初期，和海水一起冻结的硅藻有几百万个，把冰变成了赭色。胡克在樽海鞘和磷虾这样的生物的胃中发现了颜色鲜艳的硅藻，在企鹅粪便中也发现了硅藻。当他们在浮冰附近的海洋深处用网进行捕捞时，胡克想到，这巨大的硅藻沉积层已历经百万年，这让他感叹不已。将冰冻的泥浆样本（通常为白色或绿色）放在水杯中后，它迅速变得浑浊，像牛奶一样。几个小时后，胡克再回来看时，硅藻细胞已经沉入水杯底部，被周围这坚不可摧的二氧化硅墙紧紧包围着。

胡克在他的日记中写道，这种数量庞大却又肉眼不可见的硅藻形成了南极所有海洋生物的基础，这真是"一个奇妙的发现"。1840 年圣诞节后的几天，"幽冥"号和"惊恐"号抵达南极的汇合点，当时正值南半球仲夏，也是南冰洋一年一度的觅食狂潮，此时，南极夏季短暂的太阳能脉冲使休眠的食物网重新复活。当浮冰向南退去时，富含细菌的融水滋养了硅藻和其他藻类，磷虾因而大量繁殖；而磷虾又为鱼类、鸟类和鲸鱼提供食物。然而，在这种狂潮之下，胡克却观察到了一种明显的秩序。

硅藻、磷虾、鲸鱼三种生物组成了世界上最短的食物链之一，在人类开始在南半球海域捕鲸之前，这条食物链的顶端捕食者是有史以来最大的哺乳动物种群。更奇妙的是，大可想象一下维持这一种群的存活需要多少磷虾和硅藻。在南极辐合带上，没有哪个鲸鱼种群能够垄断这场觅食盛宴。胡克观察到，一小群蓝鲸离开后，一群长须鲸又来到这里，然后座头鲸出现了，它们垂直地浮出水面，用自己扁平而长满鲸须的嘴来吞食磷虾。

每个群体内部也有严格的秩序，从而最大限度地提高了群体的生存率。怀孕的雌鲸最先到达觅食地，并且最后离开，然后才是年轻的雄鲸、带着幼鲸的雌鲸和成年的雄鲸。每头鲸鱼在这一极地前沿停留两个月，每天消耗多达8000磅的磷虾。由于人类对鲸油的需要，鲸鱼的数量每年都在减少，但在1840年，即使有数百艘美国捕鲸船出现在南太平洋，巨型须鲸在南半球夏季仍能消耗超过1亿吨的磷虾。

胡克受到欧洲科学巨擘亚历山大·冯·洪堡（Alexander von Humboldt）本人的特别指示，要格外关注南极水域的硅藻采集。他将样本存放在提供给探险队的小药瓶中，并将其转交给柏林的埃伦贝格教授进行鉴定。在胡克放在枕头下的《"小猎犬"号环球航行记》手稿中，达尔文讲述了这样一个故事，在非洲海岸一个有风的下午，从沙漠席卷而来的狂风在"小猎犬"号的甲板上留下了一层薄薄的棕色有机生物。埃伦贝格已经作出鉴定，这些生物正是硅藻，世界上的微观食物来源。他甚至尝试辨别这些生物的性器官。

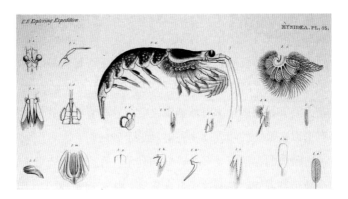

美国探险队发表了第一幅磷虾图，磷虾是南极食物链的基础物种。
来源：詹姆斯·D. 达纳，《美国探险之旅》（*United States Exploring Expedition*），第14卷，甲壳动物（费城：C. 舍尔曼，1855）。生物多样性遗产图书馆/史密森尼图书馆。

当约瑟夫·胡克在"幽冥"号的烛光下工作到深夜时，他第一次凭直觉意识到自己有所发现，而这个发现被誉为 19 世纪生物海洋学最伟大的发现：硅藻是一种植物，而不是动物——一种非常微小的蔬菜。对胡克这位有理想、有抱负的植物学家来说，南冰洋就像一片荒漠，只有动物在这里生活。海洋中有大量的虾类、软体动物和甲壳动物，海豹、企鹅和各种鸟类都以它们为食，这些动物都可算得上食肉动物。但硅藻是南极生物的蔬菜基地，是海洋中的牧草，包括大型鲸类在内的所有高级动物都依赖于此。胡克的想法并没有就此终结。硅藻丰富的硅质特征让他想到，这种植物也与海面上的大气有关联，它能完成气体交换，还能净化空气。硅藻是海洋中的草，是海洋中的叶和树，它是极地自然生态中一种重要的微观媒介。

◆ 插曲：南极辐合带 ◆

吉姆·肯尼特（Jim Kennett）是古海洋学早期研究的核心人物，他第一次见到南极洲时与约瑟夫·胡克第一次看到南极时的年龄完全一样。此外，他还有一点和胡克一样，那就是科学家的命运引领着他前往南极辐合带对硅藻加以研究，从而揭开了地球和南极冰川历史的非凡秘密。当时的肯尼特是新西兰惠灵顿维多利亚大学（Victoria University in Wellington）一名少年老成的地质学大四学生，1962 年春天，他获得了一次不同寻常的出国留学机会：对跨横贯南极山脉（Transantarctic Mountains）的达尔文冰川（Darwin Glacier）进科学考察。从未有人将那里绘制成图，实际上，从没有人到过那里。

12 月，南半球夏季研究季开始，地质学家们搭乘飞机飞往麦克默多湾（McMurdo Sound）的斯科特站（Scott Base），然后向南飞往达尔文山脉附近一个名叫布朗丘（Brown Hills）的地区。其西北部是著名的干谷（Dry Valleys），有着类似火星的地质地貌，这里能找到地球上最古老的裸露岩石。100万年来，干谷基本没有出现过降雪。布朗丘吸引了维多利亚大学团队的注意，因为裸露的岩石在南极洲是稀有之物。

　　他们满怀雄心地来到这里，徒步穿越达尔文冰川，准备发扬半个世纪前斯科特和沙克尔顿的英雄主义风格，用雪橇运送他们的补给品。但真到了冰上，他们立刻放弃了这个想法。即使只是一片单独的南极冰川也大得离谱，远远超出了一群本科生和他们教授的想象。于是，他们开始呼叫空中支援。吉姆·肯尼特从10000英尺的高空俯瞰冰原，巨大的白色高原映入眼帘，而且这里没有地平线。作为一名科学家的职业道路就这样在他眼前延伸，尽管他当时并没有意识到这一点。地球上没有比这座大陆冰川堡垒更大的物理现象了，它必然塑造了整个世界。但为什么人们对这里的研究如此匮乏呢？此后，肯尼特感受着南极冰层的耀眼光芒，通过镜头观察到了一切。

　　世界上经费最充足的大学和研究机构位于欧洲和北美洲。20世纪中期，北半球的古气候学家将注意力集中在北极的冰河时代，当时，北极的冰盖已经向南扩展到英格兰、德国和美国的中西部，然后又退回到格陵兰岛和加拿大苔原，也就是它们现在所在的地方。冰河时代周期始于两三百万年前，人们认为当时南极洲也已被冰封。两极的降温肯定是同时发生的，因为人们没有相信存在其他情况的理由。

　　而出生在南半球的吉姆·肯尼特推翻了这种假设。24岁时，肯尼特为了完成博士论文而去研究了新西兰北岛上的软体动物化石。这些化石带他穿越到比更新世冰河时代更早的时期，回到1500 万年前的中新世晚期。化石的特征及其沉积状况表明，新西兰经历了海平面波动的重要时期。

海平面上升背后的机制自然是陆地的下沉，这是约瑟夫·胡克关于凯尔盖朗大陆下沉的正确理论。但自更新世以来，北半球海平面发生变化的原因被归结为北极冰盖的扩张和收缩。那么，为什么同样的理论在南半球不成立？肯尼特的推论隐含着一种激进的观点，那就是南极冰川作用是在北方冰河时代之前的数百万年开始的。他在新西兰发现的软体动物已经进化成了更耐寒的品种。这片神奇的冰盖不仅改变了海平面，还彻底改变了气候和依赖于气候的生物。

幸运总是眷顾大胆的猜测。肯尼特刚刚开始在美国的学术生涯，当时正值深海钻探计划（Deep Sea Drilling Program，简称DSDP，国际海洋钻探计划的前身）启动，其目标是通过研究海底来验证板块构造理论。对于肯尼特来说（他完全相信大陆漂移说），这个项目提供了更多极具吸引力的机会，包括研究南极海域的沉积历史，同时检测自己关于中新世南极冰川作用的理论。1973 年 12 月，第 28 航段是深海钻探计划中具有开创性的航段，人们希望在地球上最恶劣的条件下，探索在南极洲进行深海钻探的可行性。吉姆·肯尼特随后预约了第 29 航段中的一个位置，这个航段位于塔斯马尼亚岛以南的南极水域，肯尼特将于夏季结束前进行巡航，希望能挖掘出 5500 万年前这片冰原大陆首次从澳大利亚大陆断裂后的所有细节。

当吉姆·肯尼特焦急地等待第 28、29 航段的航行开始时，他跟随第 21 航段的巡航船返回了自己家乡附近的水域，即新西兰以北的西南太平洋。与所有早期深海钻探任务一样，这次钻探计划的主要目标是在地球物理层面，而不是海洋学层面，了解珊瑚海和塔斯曼海的构造历史。这种只关注地球物理层面的钻探活动可能会令人感到有些压抑。1972年11月，当他们离开斐济时，团队负责人建议他们只钻到玄武岩处，不要管海洋沉积物的岩芯，肯尼特当时的反应是"除非我死了，否则想都别想"。于是，他们提取了岩芯，讲述了一个古生物学的故事，从今天一直追溯到恐龙时代的末日。

在斐济南部清澈的热带水域里，肯尼特赤身露体地躺在甲板上，他肯定想不到自己会揭开南极洲尘封的历史。在前三个钻探地点中，肯尼特发现了丰富的古代海洋动物群，但让人惊喜的发现基本没有。微小的浮游生物硅藻、有孔虫、放射虫，以及它们的主要变体点缀在沉积黏土上。这是南半球海洋食物链的基础，一直可以追溯到5000万年前，中间几乎没有中断。

"格洛玛·挑战者"号（Glomar Challenger）钻井船（"乔迪斯·决心"号的前身）随后向西南方向驶去，到达了悉尼以东几百英里的温带水域，在那里，人们发现了一个有趣的异常现象。在水下3千米处钻取的岩芯中，这些古老的浮游生物消失了大约1500万年，这在"挑战者"号的古生物学实验室里引起了一阵混乱。在4500万年前的岩芯的半圆形剖面中，单细胞硅藻数量丰富，然后它们就不见了。到了大约3000万年处，新的硅藻以及其他浮游生物以其现代形态重新出现，数量相似，但种类较少。这说明海水急剧冷却，然后又重新变暖，达到了目前的温度。

在第一次出现这种异常情况时，吉姆·肯尼特假设是某次地质构造事件使这一时间段的记录消失了。但是，从新西兰西海岸向北数百英里到新几内亚南部珊瑚海的另外4个钻探点中，钻取的岩芯都出现了这种动物区系间隙（即更多消失的浮游生物），他随即产生了怀疑。从白垩纪到始新世，澳大利亚以东的太平洋一直是一片温暖的水域。然后，在渐新世开始时，海水温度突然降低，整个海洋生态系统被摧毁，海底也遭受侵蚀。数百万年过去了，温度逐渐恢复，一种新的、不同的海洋动物区系出现了，并一直持续到今天。

南太平洋这种"巨大的区域不整合接触"，以及吉姆·肯尼特对此的解释，引起了世界上最负盛名的科学杂志《自然》（*Nature*）的编辑的注意。在 1975 年 9 月（第 21 航段结束仅 8 个月后，这一航段也是肯尼特学术生涯的核心）发表的一篇论文中，肯尼特认为，始新世 – 渐新世过渡期期间，所有深海沉积动物群都受到了明显的侵蚀，这是由于新出现的南极洲的冰冻底层水流突然流向北方造成的。从珊瑚海获得的这些结果进一步丰富了全球各地的古生态学证据，表明始新世 – 渐新世过渡期是地球历史上温度急剧降低的时期。在随后的 1000 万年中，南极洲以塔斯马尼亚为铰链，终于成功从澳大利亚大陆脱离。这时，一股具有全球影响且意义重大的新洋流已经形成。这股南极洋流环绕着整个新出现的冰川大陆，将它封闭在其所处的高纬度带内，并创造了现代地球上最大的海上航道——南冰洋。热量又回到了南太平洋和世界其他地区，随之而来的是一种新的、现代的海洋生物秩序。

对肯尼特来说，珊瑚海深处的沉积层中缺失了浮游生物，这揭示了南极洲诞生的过程，以及现代世界气候的产生——这是一个宏大的理论，但没有任何来自南极洲的物理证据来支持这一理论。随着肯尼特在《自然》杂志上发表了第 21 航段的推测性论文，即将到来的第 29 航段也拥有了前所未有的意义。这次航行将把肯尼特带到南冰洋，到达温带和极地水域交汇的边界。对于一个刚满 30 岁的年轻地质学家来说，这趟旅程风险很高，因为肯尼特在研究生阶段所写的关于早期南极冰川作用的论文现在已经演变成更宏大的东西：一个现代地球系统理论。在南极辐合带钻取的沉积岩芯将决定他的理论是正确的还是应该舍弃。

在南极辐合带，不同地区的温度和水流的动荡融合创造了世界上食物最丰富的海洋觅食地之一，是名副其实的鲸自助餐厅。在"幽冥"号探险者们在南极辐合带与鲸一起享用圣诞大餐的 130 年后，吉姆·肯尼特跟随第 29 航段巡航船前往南极。他如此执着于硅藻有他自己的原因，那就是胡克在罗斯南极探险队给科学界留下了伟大的遗产。

无论在陆地还是海洋，硅藻遍布全球各地。它们以胶状薄膜的形态附着在水下植物上，或者形成紧紧相连的长链漂浮在水中。它们在海洋中总共贡献了 40% 的初级生产，同时海底一半的有机碳储存在硅藻当中。如今，超过 100 种硅藻在海洋中占据重要的地位，它们之间的差别令人着迷，有些是方形的，有些是梯形的，有些则是椭圆形的。它们在极地的生长最为旺盛，竭力从融化的海冰中获取养分。南极大陆被一条宽达 2000 千米（南纬 45 度到南纬 60 度之间）的深海硅藻软泥沉积带所包围，这一历史可追溯到始新世 – 渐新世过渡期及其之后的时期。硅藻的薄膜成了浮游动物和甲壳动物的食物来源，而在表层水之下，那些在自然环境中生存的硅藻在死亡后会慢慢下沉。其中，大约 5% 的硅藻在海底找到了自己的最终归宿，在那里，它们为在海底搜寻证据的地球科学家提供了丰富的古生态数据。在实验室里，100 万个硅藻的化石细胞壁看起来像一种柔软的沉积软泥，干燥后便会变成粉末。在显微镜下，硅藻呈现出一种令人惊讶的水晶图案，因此它们也被称为"海洋宝石"。

通过研究不同种类的硅藻的出现和消失，以及它们在不同沉积物层中的丰度，海洋学家可以推断出古代的海面温度、深海洋流的演变以及冰盖的历史。硅藻的进化更替时间相对较短，平均为 200 万 ~300 万年，是理想的生物地层标志。此外，硅藻-二氧化硅同位素的化学分析也为全球硅循环的历史以及硅藻在大气二氧化碳影响气候变化时发挥的作用提供了线索。微小的、纺锤形的硅藻在地球上存在了 1.25 亿年，它是冰川作用和更大的气候变化周期中重要的自然特征，它们对环境变化会产生独特的反应。

1973 年 3 月，吉姆·肯尼特和第 29 航段的船员在南极辐合带钻取了沉积岩芯，这是有史以来在南极水域取回的第一个岩芯。第 29 航段的微化石采集研究具有重要的历史意义还出于另一个原因：这是第一个应用新年份测定技术的研究——尼古拉斯·沙克尔顿革命性的同位素分析。通过这个工具，第 29 航段的硅藻沉积物揭示了现代地球、海洋和气候的全新历史。

在岩芯中，5000 万年前始新世初期的"温室"景象首次清晰地展现在人们的视野中，随后气温逐渐下降，但真正的气候变化尚未到来。到大约 3800 万年前，比现在更大的塔斯马尼亚岛仍然通过高地山脉与南极洲相连，随后到了接近始新世和渐新世的过渡期，在这个阶段的岩芯中，"格洛玛·挑战者"号甲板下的显微镜中才再次出现硅藻的身影。这时，海上通道终于被打通了，南极洲成为一个独立的大陆。澳大利亚大陆继续向北漂移，塔斯马尼亚岛则位于其南端，使南极洲成为南极唯一的陆地。印度洋和太平洋的水域迅速融合，形成一个全新的南半球海洋。深水硅藻也取代了浅水硅藻。由于新生的南冰洋在其环绕极地的过程中没有遇到陆地，因此它与所有的大洋混合在一起。鉴于其所处的纬度，它本身的特性也逐渐发生改变。在南极冰川作用的影响下，南半球的温度呈梯度变化，这也加速了带状气流的形成，使海洋从始新世的慵懒状态中苏醒过来。新的南极绕极流（Antarctic Circumpolar Current）较寒冷的底层水域产生了足够的能量来驱动新的全球海洋环流，将含盐的极地水输送到热带海洋中，热带海洋也作为输送带的一部分，将更温暖的海水输送到高纬度地区。墨西哥湾流及其带动的现代地球的气候带由此诞生。

在3400万年前的始新世–渐新世过渡时期，温带硅藻的灭绝和耐冷硅藻的出现意味着塔斯马尼亚岛这一门户已经完全打开，南极洲的冰川作用由此开始。海平面温度从始新世最温暖时期的20摄氏度骤降至5摄氏度，接近我们目前的水平。新的冰盖及其猛烈的风向海洋输送了丰富的营养物质，引发了浮游植物的爆炸性增长。数百万年来，虽然刚刚分离的两个大陆之间的通道仍然十分狭窄，但侵入它们之间的水流的力量却非常强大，以至于抹掉了所有的微体化石记录。在2200万年前开始的中新世，硅藻又重新出现在岩芯中，这一次它们是以完全现代的形态出现的。南极的大风将浮游生物聚集在极具生产效率的地带，比如南极辐合带；反过来，海草中的硅藻从大气中吸收二氧化碳，并将其储存在海底，进一步加强了风的冷却循环。得到巩固的南极绕极流不但证明了地球从温室到冰室的转变，还证明了南极冰川、海洋的硅藻生产和全球气候之间的共生关系是亘古不变的。

这不仅是海洋的历史。在5000万年前始新世最温暖的时期，大气中的二氧化碳含量是今天的6倍。随着始新世的发展，大陆的构造变化改变了海洋环流，地球逐渐降温。早在北极和南极被冰川覆盖之前，高山山脉就开始形成冰冠，海平面因此降低，草原开始取代热带雨林，食草有蹄哺乳动物则替代了食叶动物。裸露的海边岩石和牧草草原共同为全球硅循环增添了活力。岩石的风化作用将大量的二氧化硅沉积到海洋中，富含二氧化硅的草原的径流也是如此。在这片广阔的新环境中，硅藻（卓越的硅生命体）在海洋的生命周期和生物数量中都占据了主导地位，尤其是在营养物质通过水体和融冰向上流动的高湍流区域中。世界上最能满足这两项要求的地方莫过于南极辐合带。

吉姆·肯尼特在《科学》（1974年）和《自然》（1976年）上发表了第29航段的硅藻数据，后一篇论文由他与尼古拉斯·沙克尔顿共同完成。在这些影响深远的文章中，肯尼特为他关于南极洲诞生、极地冰川作用的开始以及现代全球海洋环流的开始等理论提供了物理证据。有的人认为，将深海钻探计划的实验性证据扩展到南冰洋是一件非常愚蠢的事情，因为只有一小部分地球科学家感兴趣；还有一些人则纯粹从地球物理角度看待该项目，认为其只扩展了对地球构造历史的理解。但优秀的观点总能带来意想不到的好处。在第29航段中，吉姆·肯尼特及其同事开启了一个全新的领域——古海洋学，并且标志着他们开始迈向21世纪地球系统科学的一场革命，地球系统科学将陆地、海洋、大气和生物群的研究整合在一个相互关联的整体中。

肯尼特的新西兰同胞尤恩·福迪斯（Ewan Fordyce）是鲸类进化方面的专家，对他来说，肯尼特的论文产生了全面而具有变革性的影响。在始新世–渐新世过渡期，现代鲸类已经从它们的远古祖先分化出来，而原因尚无定论。当时最贪婪的进化是须鲸的出现（包括蓝鲸和小须鲸），它们褪去了牙齿，转而进化出一种复杂的过滤式进食口，能够将成吨的磷虾直接吸入口中。在新西兰南海岸出土的化石中，人们发现了须鲸存在的最早证据。

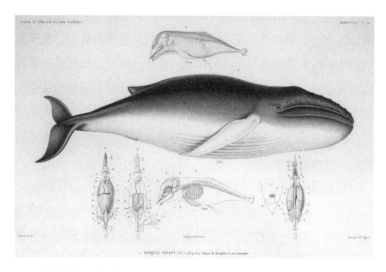

维多利亚时代的极地探险家遇到了成群结队的座头鲸，在它们濒临灭绝之前，它们在极地水域以磷虾为食。

来源：迪蒙·迪尔维尔，《护卫舰"星盘"号和"信女"号的南极和大洋洲之旅（动物学）》（*Voyage au Pole Sud et dans l'Océanie sur les Corvettes L'Astrolabe et La Zélée... Zoologie*，1842—1853年）。生物多样性遗产图书馆 / 史密森尼图书馆。

肯尼特发表的论文是关于在始新世 – 渐新世过渡期塔斯马尼亚水道的开放，这给福迪斯研究现代鲸类的进化过程打开了思路。南冰洋的形成和南极海冰的向北扩张引发了浮游植物数量的激增，包括喜冷的硅藻。这些硅藻群为一种甲壳类动物——南极磷虾提供了丰富的营养物质，而磷虾又成了能够吃掉它们的鲸鱼的食物，同时也对鲸鱼的体形大小作出了选择——因为只有那些能够储存足够能量的鲸鱼才能在南半球夏季生物脉冲（Biotic Pulses）之间的漫长间隔中存活下来，并且可以在非觅食季到热带地区进行繁殖。

急剧缩短的食物链印证了鲸鱼在海洋中占据的统治地位，当人类用无情的鱼叉捕鲸鱼时才结束了这一局面。第一批沿着这条重要路线在南极辐合带航行的人（1840年12月罗斯探险队的探险者们所走的航线）提到，由于水面上植物大量繁殖，鲸鱼的数量异常激增。约瑟夫·胡克凭借其系统思考的天赋，敏锐地意识到微小的硅藻在南极生态系统中发挥了关键作用。

但胡克和他的同伴都不知道，船长秘密地把他们带到了那个海峡。在那里，先是3400万年前，南极洲在与塔斯马尼亚岛分离之后形成了一个大陆，而后，在陆地、海洋、植物和动物的大规模全球性重构的过程中，须鲸带着自己那壮观的鲸吞出现了。除了精疲力尽的捕鲸者，所有人都挤在"幽冥"号的两舷见证这些庞然大物享用自己的盛宴，而在一些人类对鲸类动物的记录中，这场盛宴混合着回归原始水域的精神喜悦。

第九章　阿德利企鹅名字的由来

1840年1月，迪蒙·迪尔维尔已经领先了詹姆斯·罗斯整整一年，他的探险船队已经向西穿越了南极辐合带。罗斯的路线将使英国探险队有机会到达世界上最南端的海洋、极地火山和浮冰高原，这些地方超乎所有人的想象，而法国探险队将面对东南极山脉那若隐若现的海岸线——那里可能比其他任何地方都让人感觉到自己并非身处地球，但其巨大的冰盖是人类在这个星球上持续生存的关键。

"星盘"号和"信女"号落入了像台球桌一样平坦的巨大冰山之中，不过这个位置比迪尔维尔预计的更靠北。他无法想象海中居然会产生这样的怪物，并由此推断，陆地一定就在不远的前方。空气冰冷刺骨，大海却变得很平静，像湖泊一样。翱翔着的海燕和信天翁与船上柔软的船帆为伴，大量的海豹和鲸鱼则在周围的冰层中游动。企鹅们以炮弹般的速度穿过池塘般平静的水面，一路向南，仿佛踏上了归家的旅程。船员们非常幸运地开枪打死了一只在浮冰上的企鹅。当博物学家切开它的胃时，他们发现了企鹅在筑巢过程中不小心吞下的卵石。一种兴奋感静悄悄地传遍了两艘船，因为他们将有一项重大的发现。不过这项发现并不是发现了南极点，而是发现了位于他们和南极点之间的那片南方大陆。

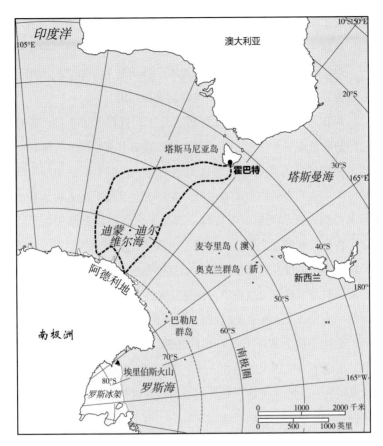

迪尔维尔第二次探索南极取得了成功，他首先在东南极洲登陆。

随着成功的希望越来越大，一种抑制希望的怀疑也越来越强烈。1月19日上午，西南方向的地平线上出现了一片撩人的乌云。在天真的人看来，它预示着陆地的临近。在微风中，有人认为自己会听到大量的企鹅发出不和谐的尖声合唱——这意味着他们可能离企鹅的筑巢地不远了。但一个小时后，天放晴了，雾消散了，长长的"海岸"消失了。军官们心领神会地交换了眼神，但还是爬上桅杆，背上挂着望远镜。船因为无风而停在原地，迪尔维尔允许他们在甲板上表演一场名为"统治南极"的戏剧。在剧中，一名装扮成企鹅的船员宣布成立极地学院——企鹅门。对此，迪尔维尔也正式予以批准。那天晚上，军官们享用了企鹅肉。大家一致认为，企鹅肉尝起来像鸡肉。

现在，海豹、鲸鱼和海鸟都不见了，只剩下了企鹅，而且它们的数量在显著增加。几十只企鹅排成好几排，像水上骑兵一样，快速地向人类看不见的目的地俯冲。它们不断发出的"唧唧"声是这无声的白色世界中唯一的声音。当船只驶入极地夏季那永久的白天和无影的黑夜时，天与天之间的划分便失去了意义。在白天和黄昏之间，地平线上出现了一个黑色的阴影，持续了几个小时。没有哪个年轻军官能有把握地说出那是什么。经验丰富的航海家迪穆兰宣称那可能是陆地（事实证明，他是最后相信这一点的人）。晚上 11 点时，圆圆的太阳缓缓地落到海面之上，在地平线上留下一道可怕的光痕。在那如画般的明暗对比中，出现了一个诱人的轮廓——一个低矮、崎岖的海岸，前提是这真的是一片陆地的话。船员们紧紧盯着这片阴影，仿佛要用眼睛吞了它一样。在转瞬即逝的夜晚中，由于一切都悬而未决，所以没有人去到甲板下休息。

凌晨 2 点，太阳再次出现在左舷船头。在那次历史性的日出中，每一双眼睛都聚焦在从东南偏东向西南延伸的那片区域。太阳的边缘以绚烂的光辉照亮了地平线，下一刻，一条明显的山脊曲线出现在他们面前。南极洲（传说中"未知的南方大陆"）以一片海岸悬崖的形象骤然出现，深蓝色的海洋到此戛然而止。在巨大的冰川之间，闪闪发光的冰川平原缓慢但不可阻挡地向上延伸，直到隐蔽的群山内部——一片没有尽头的土地。"星盘"号的军官和船员都在高声欢呼。

就在他们发现陆地的那一刻，风却不遂他们的心意。因此，他们只能划着小船去一探究竟。两名分别来自"星盘"号和"信女"号的幸运船员承担了这一任务，得以在这平静的"池塘"中舒展筋骨。空气是如此纯净，光线是如此完美，在一天的探索中，他们始终能看到"星盘"号和"信女"号。南极海岸的悬崖仍然遥不可及，似乎也没有可以登陆的海滩，这些都是不可解决的问题。不过，他们来到了海岸边的一个岛屿群，除了在一些很罕见的时候这里会是一种被冰覆盖的原始状态，大多数时候海浪和海风会一直击打海岸线，浮冰也因此被清除。

即使如此，登陆也是一件十分困难的事情，比如，一名船员就掉进了冰冷的海水中（后来死于肺炎）。他们带着镐和箱子来采集珍贵的样品，但岛底的岩石是坚硬的花岗岩，因此他们一无所获。尽管他们感觉冻伤吞噬了他们的手指，被海水冻得瑟瑟发抖的腿让他们走路都摇摇晃晃，但他们还是爬上了岛屿顶端。一群企鹅惊奇地观察着登山的人。闯入这里的法国人为了获得标本杀死了几只企鹅，还活捉了几只上船，最后把其他企鹅赶入了大海。在冰封的岛屿之巅，冰将岩石碎成了手掌大小的碎片，这也正好成了指挥官迪尔维尔下令要求获得的陆地存在的证据。

升国旗并不是法国人的习惯，但英国人让这种行为成了一种风尚。于是，他们也拿出法国三色旗，将旗杆插进一堆松软的企鹅粪便中，高喊"国王万岁！"。有人想在这儿藏一个香槟瓶子，于是他们用僵硬的手指开了一瓶香槟，然后用冻得发紫的嘴唇喝了起来。然而，法国的首次南极登陆对自然科学的贡献甚微。企鹅是岛上唯一的生命迹象。在整个岛上，找不到一枚贝壳、一棵杂草、一片地衣。他们只能在名义上声称这里是法国的殖民地，但没有任何实际的收获。

路易·考文于1840年创作的《……探索阿德利地》。迪尔维尔的南极探索成为受法国艺术家欢迎的爱国主义题材。
来源：法国国家海洋博物馆。

回到船上，军官们已经被寒冷折磨得半死不活，但取得的成功又让他们激动异常。在两年多的时间里，他们在海上熬过了足够多的失望和死亡，还有旅途中那一如既往的单调。现在，在短短一天的时间里，他们就跌跌撞撞地走向了荣耀时刻。他们已经踏上了世界尽头的"南方大陆"，这一功绩终将不朽。相比之下，他们的指挥官显得异常忧郁。在南极的土地上插上了法国国旗，并克服了一切困难为国王赢得了探索南极的竞赛，迪尔维尔松了一口气，却并不认为这是伟大的胜利。他避免了可能遭受的屈辱，也因此保住了来之不易的英名，但他内心的情感不同于其他人。为了遵从内心的情感，同时也为了回应那些感到惊喜的军官，他宣布将这片大陆命名为"阿德利地"（Terre Adélie），陆地上唯一的居民——企鹅，也被称作阿德利企鹅。

迪尔维尔出于私人原因为这片土地命名，也因此违背了探险者的传统和专业常识。对于阿德利地及其具有代表性的动物，他既没有用某位率先对这片土地进行科学描述的英勇无畏的男子之名命名，也没有冠之以国王之名，而是以一位欧洲女性的名字命名，这位女性还对南极恨之入骨——她远在数千英里之外的巴黎，对于南极，那里在道德情感上完全是另一个极端，迪尔维尔的考量在那里并不适用。自从在瓦尔帕莱索收到那封可怕的信之后，"星盘"号和"信女"号的航行已经从一次全国性的公开探险，变成他和远在天边的妻子之间的受难记，他渴望得到妻子的宽恕。迪尔维尔远离妻子，让她一人面对儿子的死亡，在极度的悔恨中，迪尔维尔用他心碎的妻子的名字命名了这片南方大陆。为了尽可能地公开表达自己的感情，他没有选用妻子的教名"阿黛勒"（Adèle），而是用了爱称"阿德利"（Adélie）——一个充满爱意的称呼，一种昵称。因此，在命名这片寸草不生又冷酷无情的巨大的南极大陆时，第一次出现了一种独特的方式，即探险家向被他舍弃在家、悲痛不已的爱人致以温情的歉意。至于同样终身奉行一夫一妻制的阿德利企鹅，这个名字恰如其分地说明了生命的有限，它揭示了在冰川地球上生存普遍存在的风险，企鹅如此，人也如是。

插曲：诺氏剑喙企鹅

1838 年南半球的夏天，法国人险些在浮冰中丧生，此后的 60 年里，没有人敢追随迪蒙·迪尔维尔的步伐进入威德尔海。1901 年，瑞典地质学家、探险家奥托·诺登斯克尔德（Otto Nordenskjöld）在政府拒绝赞助后，自费进行了一次探险。3 年后，当诺登斯克尔德回国时，瑞典议会宣布他为国家英雄，同时对已经结束的整个探险活动表示了祝福。

在探险队遭遇灾难前的几个月里，诺登斯克尔德的桌子上一直钉着迪尔维尔和罗斯的旧地图。根据地图中的标识，他带领探险队绕过了南极半岛那群山环绕、雾气蒙蒙的海岸。当他穿过迪尔维尔曾走过的雄伟的奥尔良海峡（Orleans Channel），进入罗斯以"幽冥"号和"惊恐"号命名的宽阔、冰冷的海湾时，他想到了之前在这里牺牲的探险者们的亡魂。高耸的冰川让他想起了"斯堪的纳维亚半岛上的阿尔卑斯山"，只是这个颠倒的世界让他可以直接航行到那宏伟的雪峰，而不用费力攀登。

无处不在的阿德利企鹅提醒着人们，迪尔维尔和罗斯在南极半岛享有优先的命名权。当诺登斯克尔德发现尚未命名的地方时，他尽职尽责地向维多利亚时代的极地探险家们致敬。对于南极半岛东北端的一块未标记的土地，他将其命名为"迪尔维尔岛"。然后，当他不得不依靠雪橇绕着哈丁顿山（Mount Haddington）的山脚行进时，他发现陆地与海岸被隔开了，于是，他在海图上将这里标记为"罗斯岛"。从地理角度来说，1841 年罗斯的航行更多地与南极西南部的壮观地貌联系在一起，包括罗斯海、罗斯冰架和世界尽头的两座火山——埃里伯斯火山和特罗尔火山[1]。诺登斯克尔德在威德尔海向罗斯致敬的事迹同样在科学界引起了强烈的共鸣。这些被统称为罗斯岛的岛屿揭开了大量的史前秘密，这也使其被誉为南极古生物学的罗塞塔石碑（Rosetta Stone）[2]。

正如发现史上经常发生的那样，偶然性起到了主导作用。

---

[1]　埃里伯斯火山（Erebus）和特罗尔火山（Terror）分别取名自"幽冥"号和"惊恐"号。——编者注

[2]　古埃及托勒密王朝的重要石碑，是研究古埃及文字和历史的重要文物，目前保存于大英博物馆。——译者注

诺登斯克尔德不知道自己的船"南极"号已经被威德尔海的浮冰挤烂并沉没，他只知道自己已经连续两个冬天被困在西摩岛（Seymour Island）的岩石海滩上，而远处的罗斯岛若隐若现。1843 年 1 月，詹姆斯·罗斯、弗朗西斯·克罗泽和约瑟夫·胡克在那里登陆，声称南极半岛是维多利亚女王的领地，并在那里寻找蔬菜。胡克一无所获。诺登斯克尔德在邻近的西摩岛不得已进行了长时间的实地考察，他偶然发现的化石将对南半球的宏观演化（包括大陆、气候和生物）进行颠覆性的全新叙述。在这一叙述中，荒凉的南极洲扮演了一个不太可能的角色：进化的摇篮。

　　就像所有到南极洲或任何一家动物种类丰富的动物园的游客一样，奥托·诺登斯克尔德对企鹅与人类之间那颇为滑稽的相似之处感到惊讶不已。阿德利企鹅拥有一身光滑的黑白毛发，眼睛周围有一圈白色羽毛，走起路来风风火火，看上去像一位戴眼镜的年长绅士在晚餐时迟到了。倘若只有一两只，你也许会对它们有兴趣，若是数万只一同出现，你感到的也许只有压迫感。在西摩岛的企鹅角（Penguin Point），阿德利企鹅以及它们的幼崽，还有它们的粪便覆盖了每一寸土地。企鹅不停地尖叫，瑞典探险者的耳朵都要震聋了。每走一步，污秽都会溅到他们的膝盖上，而阿德利企鹅中的哨兵则会依靠数量上的优势对人类展开攻击。发起攻击时它们头上的羽毛竖起，喙如铁锤一般。

　　1902 年南半球冬天前，诺登斯克尔德和他的手下发现自己被困在这里，食物告急，这时，他们选择带着棍棒和枪支回到阿德利企鹅的栖息地。企鹅很容易被捉到，但想要杀死它们却很难，有时需要向它们的长脑袋上猛刺三四刀才行。一天下来，他们将 400 具阿德利企鹅的尸体带回了小屋。猎杀企鹅的人满身是伤，从头到脚沾满了这种在地球最南端筑巢的鸟类的鲜血。企鹅这种生物在南极生活了多年，已经适应了极端的环境变化，但它们适应不了那些船只沉没、食物耗尽的人类探险者。

日复一日地吃腌企鹅肉让他们感觉像是在吃皮革，但诺登斯克尔德等人在西摩岛的经历并没有到最糟糕的时候。地质学家贡纳·安德松（Gunnar Andersson）带领三个人去找诺登斯克尔德，结果自己也被困住，不一样的是他们没有过冬的小屋，也没有食物和设备。因此，他们杀死了自己抓的阿德利企鹅，同时用石头搭建了一个临时住所。到了寒冷的春天，安德松和他的部下九死一生。尽管已经严重冻伤并且身体虚弱，他们还是开始在罗斯岛的海滩上游荡。一个非常偶然的机会，诺登斯克尔德在远处发现了他们，他一度以为自己看到了一种之前尚未发现的笨重企鹅，或者产生了幻觉。仔细观察后他才发现，这些极地流浪者用企鹅赖以生存的脂肪、内脏和羽毛紧紧包裹着自己。哪怕是面对面，在方圆数千英里没有其他人类的情况下，诺登斯克尔德仍然没有认出哪一个是贡纳·安德松。

后来，两位地质学家再次造访位于西摩岛海滩上的那片地方，而在前一年夏天，诺登斯克尔德在这里发现了一片相对较新的史前景观，揭开了化石拼图的一角。他们看到了已经成为化石的树木、叶片、鱼类、甲壳类动物，以及曾经健步如飞、营养充足、自信大胆的古老生物的残肢，它们都曾出现在这片毫无生机的土地上，而现在，只有几个绝望的人在这里苦苦挣扎。从骨头碎片中，他们只能猜测化石中动物的种类——也许是狼，也许是与巴塔哥尼亚马类似的动物。

a

　　阿德利企鹅（右）和黄眼企鹅，原产于新西兰，是曾经在南半球占据统治地位的企鹅的幸存品种。

　　来源：迪蒙·迪尔维尔，《护卫舰"星盘"号和"信女"号的南极和大洋洲之旅（动物学）》（1842—1853 年）。生物多样性遗产图书馆／史密森尼图书馆。

　　然而，当诺登斯克尔德探险队把这些化石带回瑞典后，他们随即有了一个真正伟大的发现：巨型企鹅。这些体型异常巨大的企鹅是阿德利企鹅的祖先，体型和人类差不多，长着锋利的长喙，用来捕获鱼类和鱿鱼。倘若有这么一群怪物企鹅，不管瑞典人多么饥饿，这群企鹅都会很快把人类干掉。但是那些石化的树叶又是怎么回事？难道这些企鹅是生活在温暖水域的企鹅吗？它们是茂盛的森林中的海滩流浪者吗？如果是的话，这个树林栖息地及其居民都去哪儿了？

　　尽管这些问题悬而未决，但他们必须对在罗斯岛首次发现的两种巨型企鹅加以说明。在这种情况下，用人的名字来命名新的植物和生物似乎非常合适。于是，第一种巨型鸟类被命名为诺氏剑喙企鹅（Anthropornis nordenskjoldi），以此纪念瑞典探险队队长诺登斯克尔德，他曾依靠阿德利企鹅的肉在南极度过了一个冬天；而第二种巨型鸟类则被命名为贡纳古冠企鹅（Palaeeudyptes gunnari），贡纳的同事诺登斯克尔德曾误认为这是一只体型过大的企鹅。

阿德利企鹅是南极的标志性动物，对其研究的关注度比其他所有现存企鹅种类的总和还多。这种企鹅的祖先身材高大，外形优雅，脸上还有一个巨大的长矛状长喙，与身材矮小、喙较短的现代阿德利企鹅完全不一样。但是，尽管阿德利企鹅的身高不到 3 英尺，在陆地上看起来非常小，但它在水中能像鱼雷一样捕食，并且以海岸无冰地带为中心，进行高效的繁殖，因此，阿德利企鹅在长达 11000 英里的南极冰盖上占据了非常重要的地位。在拥挤的栖息地里，雄企鹅一般会勤奋地收集石头筑巢，并与伴侣分担育雏任务。当幼崽（一个银色和黑色相间的毛球）出生之后，企鹅夫妇会从海里为孩子带回晚餐，它们会把磷虾等甲壳类动物反刍上来，送到幼崽尖利的嘴巴中。在此之前，企鹅夫妇会让自己的孩子在海滩上追逐它们（这其中的原因尚不可知）。那么，巨型企鹅对它们的后代也做过同样的事吗？它们是否像忠实于伴侣的阿德利企鹅那样终生交配？

尽管奥托·诺登斯克尔德发现的化石具有重大意义，但距古生物学家重返罗斯岛发现这一点，已经过去了 70 年。自 20 世纪 70 年代以来，人们在西摩岛裸露的砂岩山谷中发现了数以千计的史前企鹅骨骼。水的密度几乎是空气的 800 倍，早期企鹅进化出的骨骼可以适应这种密度。因此，企鹅化石在考古记录中的意义比任何其他史前鸟类都要大。在西摩岛丰富的资源库中，人们已经发现了十几种已灭绝的企鹅种类，包括其他几种巨型企鹅，其中有 10 种是 2005 年才发现的。2014 年，科学家宣布他们发现了一种新的巨型企鹅，身长 2 米（6.5 英尺）。此外，不能简单地把这些物种说成是企鹅的"原始"祖先，因为每一种巨型企鹅都是发育完全、经过适应性进化的动物。用南极化石猎人彼得·贾德维什扎克（Piotr Jadwiszczak）的话说，我们生活在企鹅古生物学的"黄金时期"。

这一长达数千万年的化石记录使企鹅成为了解南极物种进化与环境变化之间关系的独特案例。西摩岛上的一系列发现揭示了一个令人费解的事实，那就是企鹅与绝大多数鸟类不同，其种类比过去要少得多。无论是其种类的多样性，还是其体型都在缩小。现代企鹅（企鹅目）仍分布在南极圈附近，这一点与它们体型更大的祖先保持一致。在南太平洋与西摩岛一线的对侧，也就是新西兰和南澳大利亚，人们发现了巨型企鹅的骨骼（与以奥托·诺登斯克尔德命名的企鹅属于同一种类）。不过，罗斯岛上丰富的化石"矿藏"让我们以一种新的视角来关注南极标志性的企鹅目动物（阿德利企鹅、白眉企鹅、帽带企鹅和难以捉摸的帝企鹅）。

考虑到现代企鹅的祖先是飞在天空中的鸟类，它们能适应在水中的生活实属不易。它们的翅膀缩短成鳍状肢，骨架展开从而允许它们直立行走。企鹅的羽毛已经完全改变了功能，从利用空气动力学在空中飞行到现在用来保存热量。面对气候剧烈变化的挑战，一些企鹅也成功地改变了饮食习惯，它们开始捕食不断扩张的海冰下的大量浮游甲壳动物。至于繁殖，今天的阿德利企鹅栖息地集中在一条南极海岸线上，那里岩石密布，自上一个冰河时期以来因冰川消融而隆起，因此目前阿德利企鹅的地理分布代表了企鹅最新的适应程度。

　　但从另一个角度（时间层面）来看，很难把企鹅当作在极端环境下生物适应性取得胜利的案例。相反，从白垩纪开始，企鹅经历了一波又一波的灭绝。今天活着的企鹅是其古老祖先的混合体——在古代，企鹅种类繁多，数量众多，位于南冰洋食物链的顶端，在整个南半球享有霸主地位，而现在，它们无论是种类还是数量都缩减了很多，不妨称之为"企鹅帝国的衰落"。这便有了一个关于 6400 万年的问题：这背后究竟有何种原因？

　　企鹅并不是罗斯岛唯一的化石财富。由于地质上的意外事件，这里有从恐龙时代到始新世 – 渐新世过渡期的所有化石，中间没有间断。而到了 3400 万年前的始新世 – 渐新世过渡期，全球气候发生重大转变，地球从温室变成了冰室。如今的西摩岛荒凉无比，只有零星的地衣和苔藓，还有一些海豹和企鹅把这里当作临时栖息之所。但是，南极气候曾经十分舒适的证据始于海洋钻探计划的第 113 航段，人们从邻近的威德尔海海底获取了氧气同位素数据。大量的软体动物化石（堪称古气候学中的金钥匙）表明，在"大转变"（Big Break）之前的数百万年里，罗斯岛地区是一个广阔而温暖的"威德尔海领域"，这是一个由森林、沼泽、沙滩和沐浴着充足阳光的岛屿组成的超大陆海岸线，从南美洲途径南极大陆，一直延伸到澳大利亚大陆。构造板块的分布对企鹅进化有着重要的影响，它将企鹅的物种进化与南半球的大陆漂移及其气候变化联系了起来。

　　对于企鹅来说，冈瓦纳大陆的威德尔海岸提供了一个比较平静的环境，开放的浅水湾受到障壁岛屿的保护，环礁湖散落其中。奥托·诺登斯克尔德在西摩岛发现的树叶化石为针叶树、蕨类植物和山毛榉树组成的沿海森林的存在提供了证据，其中，山毛榉是重要的古气候指标。目前普遍存在的南半球山毛榉（假山

南极山毛榉（Calucechinus antarctica）是一种南半球高纬度地区的假山毛榉属植物。对约瑟夫·胡克来说，澳大利亚和南美洲的山毛榉强有力地证明了古代陆桥或大陆的存在。

来源：迪蒙·迪尔维尔，《护卫舰"星盘"号和"信女"号的南极和大洋洲之旅（植物学）》（1845—1853 年）。生物多样性遗产图书馆 / 密苏里植物园。

毛榉属），其分布范围跨越了从巴塔哥尼亚到塔斯马尼亚的南冰洋荒地。但南半球山毛榉的种子传播能力很差，因为它们无法随风飞舞，也没办法经由动物的消化道前往别的地方。因此，这些山毛榉在南半球生长的唯一一机会便是扎根于一片连续的陆地，比如南美洲、南极洲和澳大利亚脱离冈瓦纳大陆之前的一段时期。

有袋哺乳动物还利用了威德尔海的陆桥。著名的澳大利亚动物群（袋鼠、袋鼬、考拉、袋熊、袋狸和袋獾）在白垩纪的祖先穿越古威德尔海的假山毛榉森林向西疾行。在途中，重大的哺乳动物进化发生了，而这其中的秘密被埋藏在南极冰层下尚未被发现的数百万有袋动物的葬身之处中。事实证明，寸草不生的南极洲是探索南半球奇妙哺乳动物历史的关键之地。

7000万年前，在威德尔海领域最繁忙的全盛时期，企鹅和信天翁开始分化。有一段时间，企鹅可能拥有多项技能，包括飞行和游泳。在白垩纪和第三纪的过渡期，一颗巨大的流星撞向墨西哥，基本毁灭了地球上的所有生物之后，整个生态位为物种的生存之争打开了大门。在混乱中，企鹅选择了海洋，在那里它们作为一种新的关键捕食者繁衍生息。更大的身体质量增强了它们在深海潜水的优势，而更长的喙能够抓住其他铲嘴食肉动物无法捕捉的鱼类。

企鹅的巨大体型同样有助于其进行远距离迁徙。因为身体中储存了足够的能量，所以诺氏剑喙企鹅和贡纳古冠企鹅游过了从古代智利到新西兰的整个威德尔海海岸。不同的企鹅捕食不同大小的鱼，企鹅种类的多样性也因此越发丰富。在始新世时期的西摩岛，最多有不少于14种不同的企鹅共同生活，这种丰富程度是现代的地球无法比拟的。那片诺登斯克尔德的手下只靠阿德利企鹅的肉活下来的荒凉海滩，在后白垩纪时期，堪称企鹅界的曼哈顿①。

在始新世－渐新世过渡期后，南极洲成为一个独立的大陆，气候条件恶化，企鹅种群面临着生存危机。具有讽刺意味的是，尽管威德尔海领域中有着多种多样且数量庞大的巨型企鹅，但正是冈瓦纳大陆的最终解体催生了我们今天所知的企鹅的进化，它们适应了德雷克海峡的寒冷水温以及南冰洋的现代环流模式。然而，对于很多已经灭绝的企鹅种类来说，它们以金发姑娘原则（Goldilocks）②去适应气候（不太冷也不太热方可），当新的冰川时期到来时，它们只能走向灭亡。

巨型企鹅的衰落和现代企鹅的诞生大致出现在 4000 万年前。由于无法与南冰洋新崛起的鲸鱼竞争，以奥托·诺登斯克尔德和贡纳·安德松命名的大型企鹅灭绝了，而帝企鹅则与新的阿德利企鹅属（包括阿德利企鹅、帽带企鹅和白眉企鹅）分化，形成了一个毛皮更光滑、体形更小的冷水猎手群体，从而适应了面积不断扩张的冰。随着地球在进入始新世－渐新世过渡期后气温骤降，更多的企鹅种类灭绝。这是一个不适应就灭绝的典型案例。企鹅从不断扩张的冰川地带向北迁徙，追随着它们习惯的温暖水域。但大多数企鹅都失败了，只有少数幸存下来的企鹅成了我们今天所知的小型高纬度种群，从澳大利亚南部到加拉帕戈斯群岛都有分布。在我们模糊的认知中，这些只会享受舒适环境的生物似乎是企鹅中的反常现象，而事实恰恰相反。阿德利企鹅和其南

---

① 曼哈顿是美国纽约市最小的一个区，但是人口最为稠密。——译者注

② 源自美国作家詹姆斯·马歇尔的童话故事《金发姑娘与三只小熊》，金发姑娘误闯三只小熊的家，尝了三碗粥，坐了三把椅子，躺了三张床，从中选择了最可口的粥、最舒服的椅子和最惬意的床。这种对事物的选择被称为金发姑娘原则。——译者注

极同类反而是一个例外，因为在历史上，大多数企鹅和大多数人类一样，都不喜欢寒冷。

像阿德利企鹅这样在冰上生存的企鹅会长期在低于其核心体温的水域觅食。在温带和热带鸟类中，血液是通过一条动脉从身体输送到翼尖的，而现代南极企鹅则有多条动脉沿着翅膀分支成静脉。企鹅器官内的温热血液不断向外循环，调节从翅膀回流到身体的血液的温度，从而保持一定的核心温度。由于这种复杂的保温结构，企鹅的身体和翼尖之间的温差最高可达 30 摄氏度。

对于现代企鹅来说，其血管热量交换是 5000 万年前在温室地球时期演化而来的，而不是为了应对始新世晚期的全球变冷和南极冰川。相反，翅膀结构的重组属于骨骼方面的系列改造，这些改造重塑了企鹅的身体结构，使其在新的海洋秩序中成为水下飞驰的佼佼者。除此之外，其身体上的变化还包括更厚实的羽毛、适合深潜的巨大身体、容易上浮的高密度骨骼，以及为减小阻力而进化出的翅膀。特别是这种超乎寻常的水生翅膀，不但具有鸟类特有的保温能力，还能够保存能量，扩大觅食范围，其存在本身也证明了这是企鹅在冰川地球上生存的关键。

当第一块冰出现在南极洲时，当包括大多数企鹅在内的温带物种大批消失时，一个能保持体温、以翅膀提供动力的企鹅子群体在冰川之下和冰冻贫瘠的海岸边发现了新的生态位。对 1840 年的法国探险家来说，阿德利企鹅是种可笑的生物，它那双色鳍状翅膀更是其标志性的附器，这种生物只能成为靶子或者被煮成汤。但那僵硬、短小、像手臂一般的翅膀讲述了一个不为人知的关于适应能力的故事。这意味着，向这些刚来到南极的人致以敬意的是阿德利企鹅，是这数百万只站在自己冰冷堡垒上的企鹅群，而不是其他生物——或者应该说根本就没有其他生物。

第十章　威尔克斯发现大陆

时间回到 1836 年，美国国会终于批准了环球探险队的经费，于是，美国海军委任了一支探险队，效仿的正是以"幽冥"号和"惊恐"号组成的英国极地舰队。结果却是一场代价高昂的惨败。新建造的强化破冰船（包括一艘三桅快速战舰、两艘双桅横帆船和一艘纵帆船）使用了巨型木材，导致载重过大，仅是登船都不安全，更不用说指望它们能航行到公海了。因此，威尔克斯不得不在最后一刻勉强选用了一支大杂烩船队，船身上没有任何可以对抗浮冰撞击的结构。

1839 年 12 月，身处悉尼的威尔克斯与副指挥官威廉·哈德森就持续关注的"孔雀"号进行了讨论。这艘船是用结实的橡木建造的，航行时的姿态颇为高贵，但其射击孔翘曲并且船身漏水，最近在波斯湾发生的一次沉船事故（被困在礁石中两天）刚好让船上的接缝裂开。折损了"海鸥"号已经暴露了美国舰队不适合这项任务。现在，舰队的其他船只将再次面对南极的漩涡。船长们一致认为，尽管"孔雀"号在里约进行了改装，但它不适合在南极海域航行。不过，他们也一致同意，不管怎样，"孔雀"号都必须一同前往。国家荣誉系于一线。

美国舰队停泊在悉尼港，毗邻麦夸里堡（Fort Macquarie），如今这里有一座金碧辉煌的歌剧院。不过，在当时，窥探美国船只的当地人认为，这些船还不如漂在水面的棺材。船体没有得到加固，无法缓冲与浮冰的碰撞；没有可以切开冰面的船头锯，没有用来保持浮力的水密隔舱，没有现代化的供暖系统，燃料存放空间也有限。如果船只被困在冰中，煤炭将在仲冬时耗尽，食物也坚持不了多久。简而言之，美国人拥有的船虽然数量多，但质量不高，没有一艘像迪尔维尔的"星盘"号和"信女"号那样为南极探险做好了准备，而他们将在 1840 年新年伊始，与迪尔维尔的船队展开一场赢者通吃的南极对决。

然而，比船的状态更糟糕的是指挥官的状况也不稳定，至少外科医生爱德华·吉尔克里斯特（Edward Gilchrist）的看法是这样的。他被困在"温森斯"号的休息室里，沮丧地坐在自己的铺位上。他和其他人一样，怀着无限的希望登上了旗舰。然而，自从离开里约，他的热情慢慢被逐渐蔓延的恐惧取代。吉尔克里斯特看到，威尔克斯过度劳累，濒临崩溃的地步。指挥官一天中睡不了 5 个小时，时常焦躁不安。由于他拒绝将责任分配给下属，因此他的第一次指挥测试以失败告终。除了把控舰队内的每一个细节，他还坚持监督科研工作，包括烦琐的气象记录和磁力观测。某一位军官越能干，威尔克斯就越不信任他，仿佛担心自己的能力与之相比可能会相形见绌。在他留给自己那数不清的职责中，他根本分不清轻重缓急。前一刻他还拿着喇叭在甲板上无缘无故地喊着"全体集合"，下一秒就发现他在布满蚊虫的餐厅里，像着了魔一样用手挤着蜘蛛。

吉尔克里斯特的医疗经验告诉他，威尔克斯一定会垮掉。果然，在里约岸边，威尔克斯洗了一晚上的澡后昏迷不醒。当忧心忡忡的军官聚集在门外时，吉尔克里斯特宣布指挥官的病情"非常严重"。他给指挥官开了药并嘱咐他好好休息，但恢复过来的威尔克斯挥挥手让他离开这里。第二天早上，威尔克斯再次出现，仍然像往常一样精神错乱、举止异常。

唯一能让威尔克斯从持续的头痛中解脱出来的是折磨那些

被他指控谋反的军官。在甲板上，他当着所有人的面对那些军官极尽嘲讽之辞，威胁要把他们送上军事法庭，然后不停地将他们分配到不同的船上，让他们不得安宁。这些军官的身体遭受了同样的痛苦。醉酒的船员被抽了24鞭，是规定的2倍。逃兵在还没有得到军事法庭宣判的情况下，就被打了更多的鞭子。

在海上，船长的残暴行为可谓无人不知，船员们只能默默地忍受。但是，船员们对威尔克斯航海技术的怀疑像乌云一样笼罩着整个美国探险远征队，因为倘若对船只处置欠妥，会威胁到船上每一个人的生命。威尔克斯格外在意让整个舰队保持紧密的联系，这也是他极度缺乏信任的一种表现。在塔希提岛一个安静的早晨，他突然对"飞鱼"号（他格外讨厌这艘船的指挥官）轻松的前进方式感到异常愤怒，于是下令让这艘船迎风等待。平克尼中尉（Lieutenant Pinkney）一开始没有听到这个莫名其妙的命令，直到他抬起头看到威尔克斯拿着喇叭沿着"温森斯"号的甲板奔跑，尖叫着要他停船，平克尼这才反应过来，赶快服从了命令，尽管这样做会让"飞鱼"号撞向旗舰的船头。这时，幸好"温森斯"号上的一位军官迅速下令调整船帆，"飞鱼"号才幸免于难。

随后，"温森斯"号在帕果帕果（Pago Pago）①发生了一场非常尴尬的灾难，它"错过了停留位置"，漫无目的地朝萨摩亚港口的岩石漂去。军官们开始找指挥官，希望能够得到停船的指令，结果发现威尔克斯不见了。原来，他躲在舷梯旁，双手捂着脸，多亏当地的英国领航员在最后一刻挽救了"温森斯"号。吉尔克里斯特的助手向他报告说，威尔克斯在这场危机中彻底崩

___
① 太平洋中南部美属萨摩亚的首府和主要港口。——译者注

溃，表现出"迷茫和恐慌"，而且在"一段时间内不能履行自己的职责"。

由于指挥官的无能，爱德华·吉尔克里斯特有了叛乱的想法，为了探险队的光荣，他开始倾向于发动一场起义：必须将威尔克斯免职，否则整个南极事业都将毁于一旦。首先，他悄悄地向军官们提出了指挥官能否履行自己职务的问题。但威尔克斯在"温森斯"号到处都有眼线，于是，他将这位医生监禁起来作为惩罚。第二次前往南极似乎是一次自杀式的任务。在绝望中，吉尔克里斯特试图给自己找一条活路。他给威尔克斯写了一封刻意挑衅的信，质疑船长的指挥能力，最后要求在舰队到达悉尼时将自己释放。但威尔克斯已经失去了好几名医护人员，因此他拒绝了这一要求。于是，当美国探险队于 1840 年 1 月准备向南航行时，吉尔克里斯特再次被"囚禁"在自己的铺位上，被一个他认为是无能的疯子的人摆布，而这艘船的目的地是一片冰封的墓地，到处是可置人于死地的海岸。正如一位美国候补军官在日志中吐露的那样，在美国探险远征队中，可能没有任何一位成员认为，可以将自己的生命明智地托付给"帕果帕果的英雄"。

船队即将再次前往南极洲，威尔克斯却面临着一场逃兵潮。即使是每人 150 美元的报酬，加上悉尼官员的足智多谋，也无法找到那些不愿意前往南极的船员。"如果我们能从南方回来，那将是一个巨大的奇迹。"一位水手在他的日志中写道。也许幸运的是，他和他的同餐之友并没有意识到最糟糕的情况，他们低估了旅途中的危险。"风暴海燕"和他的船队从澳大利亚大陆以南驶过，塔斯马尼亚的绿色海岸渐渐在船尾消失，他们正朝着地球上大风最为肆虐的海岸线直线前进。

美国探险队的年轻军官们沉浸在一种战无不胜的自满情绪

中。他们关注的并不是在冰上可能遭遇的海难，而是集中在指挥官威尔克斯为自己攫取极地探索的荣耀而采取的卑鄙策略上。他们的恐惧是有根据的，也许威尔克斯在1840年年初就已经彻底疏远了他的军官，以至于军官们对他的任何行为都会进行最坏的解读。整个舰队在令人困惑不解的指示下向南行进，同时保持密集的队形，而此次探险的目标却已经在舰队之间悄悄传开。威尔克斯还下令提前在麦夸里岛会合（在那里，吵闹的筑巢海鸟遍布每一寸岩石），而其所在的"温森斯"号却没有按时抵达。在威尔克斯堪比敌人的同胞看来，威尔克斯的邪恶计划是为了让自己领先。率先到达南极的竞赛现在变成了一场赛中赛。英国人和法国人在哪里，大概只有天知道，这让积怨不断的美国人为了争夺荣耀而兄弟阋墙。

1840年1月，4艘美国船只穿越南极圈。三桅旗舰"温森斯"号走在最前面，接下来是"孔雀"号。同"温森斯"号一样，其设计之初是为了作战，而不是在南冰洋探险。然后是体形较小、重量较轻的"鼠海豚"号，最后是最不具备极地探险条件的船——"飞鱼"号。倘若在太平洋小岛进行考察，这艘船是一个理想的选择。不过，在前一个夏天那次失败的南极探险中，"飞鱼"号有着整个舰队最佳的表现，能够与库克口中的"完美典范"相媲美。但在"飞鱼"号船员的记忆中，搭乘小型纵帆船在浮冰间航行带来的恐惧比任何地理发现带来的荣誉要深刻得多。"飞鱼"号上有一半的人在悉尼就已逃走，剩下的也非常散漫，无精打采。对于这些焦虑不安的船员来说，由于美国政府签订了一份"节俭"的合同，他们的冬装也因此捉襟见肘。他们的靴子是破的，而他们的水手短外套在极地的大风中起不到任何保暖作用。

　　"孔雀"号的开局不错。它沿着设定好的航线很快到达了繁忙的南部渔场，那里航行着 100 多艘捕鲸船，其中大多数来自美国。"孔雀"号在风和日丽中经过了第一座冰山，翡翠一般的冰闪烁着阳光，使他们的眼睛和思绪变得混乱。候补军官威廉·雷诺兹（William Reynolds）最近因不尊重指挥官而被驱逐出"温森斯"号，他确信"孔雀"号能够超越库克和威德尔，穿越南纬 75 度，进入那片"既不是陆地也不是海洋"的极地地区。然后，他们就遇到了浮冰，美好的梦想随即破灭。一片寸草不生的浮冰横亘在地平线上，挡住了他们的去路。遇到浮冰后，一直跟着他们的信天翁离船而去，一起带走的还有他们的运气。不过，这里还能见到体形较小的海燕，它们有时栖息在冰上，有时在水面上觅食。

　　1 月 17 日上午，除了沿着浮冰边缘巡航，"孔雀"号几乎没有别的事可做。雷诺兹与来自康涅狄格州的候补军官亨利·埃尔德（Henry Eld）一起在桅杆上度过了一个上午，从那里，他们非常清楚地看到，冰原之外连绵的山峰笼罩在薄雾中，一片庄严。他们随即叫人拿来一架小望远镜，确认了眼前的这一发现后，他们赶紧通知了哈德森船长。由于一些无从得知的原因，哈德森没有亲自来到甲板上，未能目睹这片渴望已久的南极土地。也许是他在一直亮着的灯下睡得不好，也许是他在火炉旁太舒服了，再也不想费力地去抵抗那该死的寒冷。总之，他对候补军官们上气不接下气的报告完全没有印象，这一发现也未被记录在"孔雀"号的日志中。后来，他们得知了令人沮丧的消息：迪蒙·迪尔维尔在同一天下午记录了自己亲眼看到了阿德利海岸的时刻。正式发现一块有数百万年历史的大陆的机会就终结在了那几个小时里，终结在一个船长莫名其妙的精神失常中。诚然，威尔克斯的愤怒和偏执经常让他的军官们感到困惑不已，但真正扼杀了他们率先发现南极的梦想、剥夺了他们载入史册的机会的正是威廉·哈德森，一个让人放心的海军专业人士。

然而，若想将"孔雀"号从冰上救出来，只能依赖哈德森的航海技能。"孔雀"号在浮冰里迷失了方向，被顶到船后一块锯齿状的浮冰上，船舵也被从艉柱上扯了下来。船身被困的位置离悉尼有数千英里，四周都是冰，根本无法转向。很快，"孔雀"号就撞上了冰山，桅杆上方的横杆碎裂，人们只能趴在甲板上。船尾的小船也被撞成碎片。要是再有一次这种碰撞，整条船都会沉没。威廉·雷诺兹抬起头，看到一片黑色的"死亡之云"向他们飘来，"击碎了求生者的所有希望"。但在这片四处是幻景的地方，狂风消散了，"孔雀"号缓慢地向北方的安全地带驶去。1月27日，他们遇到了阿德利海岸的风暴，这将是舰队对极地气象学的不朽贡献。3个星期后，他们抵达悉尼，对还能活着充满了无限感激，只是日志上那个显眼的空白，意味着他们失去了功成名就的机会。

与此同时，对于长期生活在困境中的"飞鱼"号来说，当前的主要问题是生存而不是声名。事实证明，出发前的最后时刻从悉尼码头招募的新兵毫无用处，这迫使军官在船上承担起船员的工作。早在元旦时，他们就在恶劣的天气中失去了船首的三角帆。威尔克斯在"温森斯"号的甲板上观察到了这场灾难，但他依旧发出了"开船"的信号，然后迅速驶离。对此，"飞鱼"号的船员只能将整个过程解读为一个病态的玩笑。紧急维修后，这艘纵帆船能够到达最南端的浮冰带，但1月下旬长达3天的风暴淹没了甲板，船上的接缝纷纷裂开。军官和船员在几乎被冰冻的状态下操作水泵。很快，船上最后一个干燥的地方——军官船舱里的火炉被淹没。他们的衣服和被褥都湿透了，一个又一个地陷入了体温过低带来的绝望中。在这种极端困境之下，他们给平克尼中尉（就在几英尺外）写了一封信，表示拒绝继续进行"会导致死亡"的任务。这是一个非常合理的叛变威胁。于是，第二天，2月5日，平克尼调转船头向北行进了。

1840年南极探险期间，"孔雀"号与冰山相撞，这对美国探险队来说几乎是一场灾难。

来源：查尔斯·威尔克斯，《美国探险远征队的故事》（费城：莉亚和布兰查德，1845年）。伊利诺伊大学厄巴纳－香槟分校珍稀图书和手稿图书馆。

在4艘美国船只中，"鼠海豚"号的航线最为奇怪。到达浮冰带后，它先向北航行，后又向西航行，离开了雷诺兹和埃尔德在"孔雀"号上看到的陆地。然后，他们继续向北航行，以躲避可怕的狂风。这条航线也使他们遇到了法国的"星盘"号和"信女"号，后者刚刚在那个季节结束了自己的极地探险，整个过程纯属偶然。在这些未经探索的广阔海洋中，美国人遇到另一艘船时的震惊是可想而知的，就像柯勒律治的《古舟子咏》中，老水手发现了一艘由食尸鬼操纵的幽灵船，不需要风就能航行。"鼠海豚"号的指挥官卡德瓦拉德·林戈尔德（Cadwallader Ringgold）一开始以为从雾中出现的陌生船只是"幽冥"号和"惊恐"号，并准备向船上地磁北极的发现者致以敬意。但当林戈尔德慢慢看清对面船上的桅杆上是法国国旗时，他才意识到这是迪尔维尔。而迪尔维尔突然升起帆，在林戈尔德准备接近的时候迅速驶离。林戈尔德目瞪口呆，随后便起了疑心。迪尔维尔难道发现了一些不想分享的东西？这场与法国对手的怪诞会面是"鼠海豚"号在冰上6个星期以来唯一经历的故事。

那么，美国获得荣耀的最后希望就落在"温森斯"号身上了。在愤怒的舰队军官看来，这正是威尔克斯一直以来的计划。1月3日，这艘旗舰进入了雪与雾之地，"孔雀"号的踪影很快就消失了。一周后，他们到达了浮冰带——一片平坦、起伏的平原，上面点缀着近似方形的连绵冰山。海面非常平静，好像在沉睡一样。他们的声音在巨大的冰壁间回荡，倘若他们不出声，能够打破寂静的只有浮冰下的水发出的沙沙声。起初，他们看到索具上的冰的时候感到的是一种惊奇，而不是恐惧。鸟儿出现在"温森斯"号的船尾，随后又在船头翱翔，这也点燃了人们即将看到陆地的希望。它们或在冰山之间飞舞，或绕着冰山环游，而那冰山形如拱门，顶上仿佛有塔楼，乍看之下，这群鸟儿就像这片白色世界中城堡里的仙鸟。船员还发现了一个新物种——一只造型完美的雪白海燕，看起来就像来自极地的使者。于是，他们赶紧将这一幕拍下来，并将照片加入收藏之中。

到了1月23日，"温森斯"号上的所有人都确信，他们看到了这片土地的清晰轮廓，就算是幻象，它也太真实、太永恒了。

1月28日早上，海岸的景象最为清晰，威尔克斯小心翼翼地向南航行，穿过浮冰中的一个缺口，开始寻找一个可以停泊并且能够升起星条旗的地方。他确信，属于他的荣耀近在咫尺，再也不会有这么好的机会了。

接着，浓雾弥漫，狂风大作，威尔克斯的思绪不情愿地转向了"温森斯"号在狂风中被困在浮冰中的危险处境。他们身后到处都是冰山，随着风暴越来越大，冰山似乎正在向他们逼近。狂风夹杂着暴雪吹到甲板上，让人窒息，能见度降低到只有一艘船的长度。海浪每一次冲击船头，都会在甲板和索具上留下一层闪着光芒的冰。一名船员不慎滑倒，结果肋骨骨折；还有一名船员在拉帆的时候被困在桅杆的桁杆上。等别人发现他并把他拖下来的时候，他已经完全冻僵，奄奄一息了。

在甲板下，爱德华·吉尔克里斯特试图不去想目前的处境给自己带来的恐惧。他的禁闭期已经结束，需要去照顾那些病号和伤员，这些人即使在平稳的航行中也站不稳了。由于暴露在严寒中，这些人的皮肤上长出了疖子，轻微的划痕也会变成出血、溃烂的伤口。冻伤、发烧、骨折和极度疲惫的病人挤满了医务室。吉尔克里斯特知道，还有很多这样的船员仍然留在甲板上，他们不想在关键时刻离开自己的岗位。随后，消息传来，威尔克斯已经把船头调转向南，再次回到令人痛苦的地方。他们在一个翻转的地狱里摸索了5天（摇晃的船身中一片漆黑，他们要从一个吊铺摸索到另一个吊铺上），只有病人在呻吟，而其他人，那些听天由命或者正在走向死亡的人，却变得异乎寻常的安静。医生们再也受不了了。他们给疯狂的指挥官写了一封信，要求他立即向北航行，避开风暴，前往更温暖的地区。威尔克斯却好像在玩夸德里尔牌戏①，将医生的请求交给了自己的军官，这些军官随后作出了回应，他们同意放弃探索极地的尝试，拯救这些船员。

虽然威尔克斯不辞劳苦地征询了他的军官和全体船员的意见，但他最后决定对这些意见置之不理。难怪威尔克斯被称为"风暴海燕"，只有他敢带着一群不情愿的船员，驾驶着在海水中上下起伏的"温森斯"号，穿越风暴中的南极环极槽（Antarctic Circumpolar Trough），去到距离阿德利地黑岩半英里以内的地方。随后，海岸清晰可见，他便沿着这高而平整的海岸航行了1500英里。在"温森斯"号进行探险历程之前，人们认为"南极洲"最多不过是一些分散的岛屿，或者是通向极地海洋的冰川群岛。1840年1月，查尔斯·威尔克斯重新绘制了南极地图，修正了全世界对"未知的南方大陆"的概念。在南纬66度，在被他命名为皮纳尔湾（Piner Bay）②的地方，狂风呼啸。他宣布这条新的、连续的海岸线便是"南极大陆"的可见边界。

威尔克斯沿着南极洲海岸航行了1500英里，他几乎是在最糟糕并且没有任何足以获得成功的技术支持的情况下，完成了这场史诗般的旅程。这是他极具名望的法国和英国对手都无法做到的。对于威尔克斯所完成的事，他的同胞们事前都不看好，更不用说他们认为这种代价并不值得。当威尔克斯邀请"温森斯"号上的军官到他的船舱，共同用香槟庆祝他们的伟大发现时，一些人竟说他是"撞了大运"。因此船长把他们关了禁闭。这种残暴的思维为他赢得了荣誉，也让他在整个过程中树敌无数。就在查尔斯·威尔克斯兴高采烈地向北航行时（他是南极洲的发现

---

① 一种四人扑克牌游戏，队友、对手都不明。——译者注

② "Piner"一词指劲风。——译者注

者!),某种力量在暗暗起着作用,而这种力量也将剥夺他那辉煌成就背后的所有荣誉。

美国旗舰"温森斯"号位于失望湾(Disappointment Bay)时的场景。由于探险者无法在冰封的南极东部海岸登陆,此海湾也因此得名。在这里,指挥官威尔克斯和他手下的一名军官发生了激烈冲突,这在美国探险远征队中并不罕见。

来源:查尔斯 · 威尔克斯(1843 年)。皮博迪 · 埃塞克斯博物馆,马萨诸塞州塞勒姆。照片:马克 · 塞克斯顿(Mark Sexton)。

当大风暴终于减弱时,"温森斯"号向北驶往澳大利亚,进入了温暖宜人的海域。随着最危险的时刻过去,威尔克斯终于再也无法承受了。他甚至无法从床上坐起来,连伸手拿杯子都会一阵颤抖。2 月 22 日晚上,当"温森斯"号上的人被邀请去看南极极光时,所有人都迎来一场及时的放松机会。一个明亮的橙色圆核出现在薄雾上方的云层周围,然后在天空中扩散,形成一个光晕。它发出的光线从下方照亮了乌云,使它们在天空中构成明亮的浮雕，就像歌剧舞台上纸板做的云。这种带电的粒子射向地平线，聚集成一团，然后在一种令人着迷的光线中向天空挥洒、折叠。

威尔克斯仰面躺在甲板上，欣赏着这大自然的奇迹。南极极光是太阳的杰作，它以光速向大气输送带电粒子。一旦与地球磁场接触，太阳的能量就会向南北两极释放。在查尔斯·威尔克斯看来，在他凯旋的时候，极光就像是天上的礼炮。他的头枕在坚硬的甲板上，几乎可以在那带电的天空中看到自己——"暴风海燕"在太阳风中展翅高飞。

━━━━◆ 插曲：飓风海岸 ◆━━━━

1839 年 4 月下旬，在风暴路径的南部（"海鸥"号在这里沉没），南极环极槽从南纬 60 度向南延伸至南极大陆的冰封海岸。然而，肆虐的风暴却在海岸处突然终止。南极冰盖上令人望而生畏的极地涡旋（冰盖上吹来的冷而干燥的空气）就像一座大气吊桥，让这座冰川堡垒成了一个独立的气候王国。然而，令人难以置信的是，海岸风甚至比环极槽或咆哮西风带还要大。1840 年 1 月，"温森斯"号的船长和船员在探索南极的历史性事件中已经充分感受到了这一点。

70 年过去了，继美国探险队和其法国死敌到达南极东部海岸后，又有一艘船准备冒险探索南极。1912 年 1 月，由道格拉斯·莫森（Douglas Mawson）率领的澳大利亚探险队成为第一支在阿德利海岸的极地荒野中建立科考站的科学家团队。探险一开始，他们就开始了与飓风和汹涌的海浪的战斗。当他们带着狗还有补给上岸后，他们做的第一件事就是向迪尔维尔和威尔克斯举杯致敬，因为这两位探险家前辈驾驶着木船开辟了这条航路，这简直难以置信。莫森给探险队中第一只在南极出生的哈士奇起名为"海军上将迪尔维尔"。为了纪念美国探险家威尔克斯，莫森将整个地区命名为"威尔克斯地"。至今为止，这里仍然是地球上最大的、以某个人之名命名的区域。

阿德利海岸的大风整整吹了一个月，这时，莫森意识到，研究南极独特的气象学也许会是他对科学领域做出的最大贡献，因为无情的飓风和纷飞的大雪让大多数研究都无法展开。他们在冰冷的小屋里待了几个星期，为了防止小屋被大风吹倒，他们还在外面做了加固设施。小屋之外，风从沉闷的呼号变成了震耳欲聋的尖叫。倘若某人的靴子上没有鞋钉，那么他一定会在冰上不停打转，直到撞上一块岩石或者被埋在雪堆之中。为了防止被大风瞬间刮走，他们设计了一种在极地行走的方式，那就是身体向前倾斜 45 度，让风把他们支撑起来。

探险队中的气象学家塞西尔·马迪根（Cecil Madigan）每天检查完仪器回来时，脸上都会覆着一层冰——这是人类呼吸和暴风雪合作的产物。一天早上，马迪根的室友惊讶地看到，马迪根正用力地搓着自己的脸颊，仿佛要把它从脸上剥下来。他以为那是一层冰。那天早上的事显然令他们都印象深刻。风偶尔也会减弱，但他们的耳朵中仍然回荡着尖锐的嗡嗡声。他们说话全靠呐喊。在这个翻转的极地地狱里，寂静把他们从睡梦中唤醒，然后不安地等待那"永不停歇、恣意咆哮"的下行风的到来。

在希腊语中，"katabasis"一词意为"下降"。南极海岸持续不断的飓风级强风源自内陆高原吹来的下沉冷空气。当冷空气到达海岸附近的陡峭山坡时，它会突然增强，然后向大海疾驰。全世界都有山区海岸，但为什么阿德利地这里的天气会如此极端？即使在南极洲，阿德利海岸的风力也比其他地方强 70%，这是地球上最接近金星上永久吹拂的西洛可风①级别的大风。对于极地气象学家来说（莫森的经历历历在目），阿德利地的特殊微气候一直是个谜。

澳大利亚人乘着雪橇在陆地上进行短途探索，随即发现了阿德利地大风的一个独特特征：下行风的风漏斗向南延伸至内陆至少 60 英里的地方，向西延伸了 200 英里，但只向东延伸了一小段距离。在一次考察中，莫森手下的两个人不幸牺牲，其中一个人和他所带的狗坠入了一处冰川的裂缝中，另一个人则是因为误食了有毒的狗肉，两人消逝在宁尼斯冰川（Ninnis）和默茨冰川（Mertz）中。莫森感觉脚底几乎脱离了身体，但他仍旧选择独自一人继续前行，这片"虚空"中的啸鸣"……可怕、强烈、骇人"，他就在这样的环境中爬完了最后的 100 英里。然而，无论如何，澳大利亚气象界拒绝承认这来之不易的数据。随后，莫森的仪器被征用，在墨尔本的一个风洞中进行测试，结果发现仪器"有问题"。马迪根收到指示，将天气记录的数值向下修改了20%，以免这离奇的数据会损害澳大利亚极地科学的声誉。

然而，30 年后，也就是 1951 年，一个法国团队证实了莫森的数据。阿德利海岸的年平均风速相当于蒲福风级（Beaufort scale）中的"烈风"级别②，1951 年 3 月的平均风速达到了每秒 29 米，远远超过了地球上其他风暴区的已知风速。法国人每 3

---

① 西洛可风（sirocco），地中海地区的一种风，源自撒哈拉，在北非、南欧地区变为飓风。——译者注

② 蒲福风级由英国人弗朗西斯·蒲福在 1805 年拟定，用来表示风力强度，现在是国际通用的风力等级。其分级方式是根据风对物体和海面的影响程度，分为 0~12 共 13 个等级。此处的"烈风"为第 9 级，在海上表现为帆船行驶困难，波涛汹涌；在陆地表现为能够掀翻屋瓦。——译者注

天就要经历一次飓风级的大风，这种从南极洲南部内陆吹来的风异常稳定，真可谓是末日般的大风。这里的暴风雪能够在 1 千米的海岸上降下 7000 万吨雪，其每年输送的雪量超过了因冰川崩解和融化而损失的冰量。尽管法国人的数据恢复了马迪根的声誉，但更大的谜团仍然存在。1972 年，澳大利亚气象学家弗雷德里克·洛伊（Frederick Loewe）在一篇题为《风暴之地》（*Land of Storms*）的总结性文章中向极地科学界发出了挑战：对于南极气候最壮观、最主要的特征，即可怕的沿岸大风，人类至今无法给出合理的解释。

　　20 世纪 70 年代末，无线电探空技术应用于横贯大陆的"立交桥"，人们因此得以首次绘制了南极内陆地形图。这也为年轻的美国气象学家托马斯·帕里什（Thomas Parish）解决下行风问题打开了大门。根据地图显示，南极洲是一个巨大的冰壳，其广阔而荒芜的内部平缓倾斜，具有美国大平原的特征。它的平均海拔超过 2 千米，没有任何来自海洋的天气系统能够穿透这里连绵的群山，让这个白色大陆按照自己的规则形成气候。

　　世界范围内，上层大气的气压系统在很大程度上决定了我们在地面上经历的天气。但在南极洲，地形决定了气候。第一张细粒度地图捕捉到了这样的画面，冰呈波浪状起伏，其内部的微风通过这种起伏流动并汇聚，逐渐积聚力量。帕里什断言，对于海岸边奇怪的下行风来说，这片冰原大陆既是引擎，又是燃料。与地球上温度随海拔升高而降低的标准状况不同，南极大陆的地表形态促进了逆温现象的产生，从而使暖空气向上移动（逆温现象使得冷空气留在地表，南极冰盖温度也因此变低）。这一巨大的大陆冷空气库下沉后，沿着冰脊向外倾泻而出，这些冰脊就像手指一样，绘出了风的轨迹形成的象形文字。

在地球上，没有哪个地方能像下行风决定南极洲的气候一样，以一个单一的气象要素来决定一个大陆的气候。接近海岸时，斜坡处的重力使刺骨的微风逐渐升级为尖啸的狂风。然后，这股冰冷的风裹挟着南冰洋温暖的锋面洋流，快速上升并且速度放缓，信天翁因此能在浪尖迎风向上。帕里什根据这些新地图创建了一个风的模型，他由此确定，下行风形成的地形条件在阿德利海岸最为显著。在那里，冰脊就像被松散地束在一起的绳子一样，因地质上的偶然性而汇聚在一个独立、狭长的海岸带上，这便是"风暴之地"。1840 年 1 月，查尔斯·威尔克斯正是在无意中率领他的杂牌舰队来到了这里。

1987 年，帕里什在《自然》上发表了一篇文章，对阿德利地的风这一长久以来的难题提出了自己的看法，但这种狂野的下行风现象依旧困扰着他。这些起源于陆地的风具有撼天动地的力量，那么，它究竟是如何与南极更显著的天气特征（如极地涡旋和沿海气旋）产生相互作用的呢？在 21 世纪的第一个 10 年，帕里什重新审视了这个问题，他完全可以把现代南极气象站计划（Antarctic Weather Station Program）中丰富数据收集起来，在新一代南极气候模型中加以分析。然而，他发现自己又被 1912—1913 年莫森探险队的原始资料吸引了。他重新分析了马迪根的数据，在其中寻求答案，试图解释为什么这片饱受摧残的海岸是地球上最持久的狂风的起始之地，同时也是海上那频繁产生、势头猛烈的风暴的发源地。解释这一问题的原始数据，军功章只能分给莫森探险队一半。虽然澳大利亚人可以称自己是下行风方面的气象先驱，但真正的舍身先锋是"风暴海燕"查尔斯·威尔克斯，正是他首次从气象学角度描述了阿德利海岸的飓风。

早在 1831 年，美国气象学家威廉·雷德菲尔德就将风定义为"运动中的空气"，将风暴定义为"猛烈的风"，将飓风定义为"极其猛烈的风"。他揭示了风和洋流之间既有相似性（analogical），又有实质联系（material）。相似性在于，在物理动力学中，风就像水流中的水（莫森将阿德利海岸的下行风描述为"像河流一样……一股空气洪流"）。而实质联系在于，西风带和信风在半球中的环形路径在自然层面驱动着地球上的洋流。事实上，大气、陆地和海洋各自掌控的领域相互联系，共同组成了地球系统。

雷德菲尔德在他那篇充满天才直觉的论文中进一步说到，"在不同方向的风相互作用的地方……强烈的旋转效应自然随之而来"。虽然他并不了解极地气象学，但他还是准确地描述了阿德利地猛烈的下行风与阿德利海岸原生东延气旋风暴之间的相互作用。1840年的南半球夏天，雷德菲尔德的美国同胞在没有航海图或天气预报的情况下，驾船航行到了一个有着独特天气的领域，由相互强化的极端天气现象共同驱动。在阿德利海岸，来自陆地的寒冷下行风加强了近海的暖空气锋面系统，随之而来的气旋反过来又使风进一步强化。

1843年，威尔克斯安全地回到了华盛顿，他仔细查看了1840年南极探险的日志，将那场大风暴的过程拼凑了出来。自那以后，在西经150度，阿德利海岸附近，美国舰队驶入的水域被确定为南极洲东部气旋风暴形成的最深处。1840年1月28日，"鼠海豚"号是美国舰队中第一艘遇到大风的船。当时它位于风暴的西部边缘，受到来自东部和南部的大风的袭击。随后，在东南方向仅60英里的地方，"温森斯"号进入了同一场东部大风的移动路径，而在东边260英里处，"飞鱼"号不幸的船员们则在第二天与东北方向的一场暴风雪展开了生死搏斗。最后，"孔雀"

号在东北方向 140 英里处，由于在浮冰中发生事故，船舷严重受损。在没有舵的情况下，这艘船遭遇了最严重的后果。

威尔克斯经过计算得知，气旋系统的速度为每小时 20 英里。因为"孔雀"号在北边，"飞鱼"号、"温森斯"号和"鼠海豚"号在南边，他估计，风暴的静止中心一定会从 4 艘船之间经过。正如威廉·雷德菲尔德模拟的那样，这是一场典型的南极风暴，速度缓慢，呈旋涡状，巨大而可怕。

美国人关于这一致命天气系统的第一手经验（同时将实时数据与最新的天气模型相结合），与美国探险船带回史密森学会的异域样本一样宝贵。作为莫森、马迪根和托马斯·帕里什的前辈，同时也是南极大陆的发现者，查尔斯·威尔克斯是第一个将南极极端天气数据上传到新气象学的"巨大机器"中的人。

第十一章　瓶中信

　　1841 年 8 月，"幽冥"号和"惊恐"号抵达霍巴特。詹姆斯·罗斯在一封信中向未婚妻保证，他对地磁南极的探索已经步入正轨。尽管在前一个夏天，他的竞争对手威尔克斯和迪尔维尔已经在创纪录的高纬度地区进行了磁力观测，同时对地磁南极的位置进行了推测，但"他们除了到达南极，没有做任何推动科学发展的事"。因此，南极的大门仍然向他敞开。1 月中旬，他告诉安妮："我希望能发现一些值得用我爱之人的名字来命名的东西。"

　　实际上，罗斯对自己能否成功并没有把握。地磁南极是位于陆地还是海洋？应该从北方还是从东方接近南极洲？它是否隐藏在无法逾越的屏障之后？在等待夏季探险季到来的时候，罗斯履行了自己作为一名磁力研究人员的职责，以此来缓解法国和美国探险队的成就以及南极的神秘状况带来的焦虑。为了收集全球的磁力数据，"幽冥"号和"惊恐"号配备了最先进的磁倾仪，计划在波涛汹涌的海面上，放在被铁皮包裹的船的甲板上进行观测。当船只停泊时，船员们从货舱里拿出一个个扁扁的包，然后在印度洋和南冰洋的偏远海滩上，便携式磁力观测站会像人造树一样拔地而起。

　　国际上对地磁学的狂热追逐现在已经成为科学史中一个被遗忘的插曲，不过，它推动了 19 世纪的第一个"大数据"项目，同时也是南极探索的重要动力。从名字中就能看出，当时的"磁学十字军运动"（The Magnetic Crusade）在过去几十年中消耗了大量的人力和财力，需要全球科研团队协同合作。因此，它为现代科学实践提供了一个模板：专业化、制度化，并且要与社会议题和军事议题紧密结合。

在南半球航行的 4 年中，罗斯与爱德华·萨宾在磁学方面一直保持着紧密的联络。萨宾是罗斯探索北极时的老朋友，也是"磁学十字军运动"中英国的标志性人物。他出生于都柏林，是一名炮兵军官，曾参与过拿破仑战争，后来因为对军队生活感到厌恶而退伍。1815 年，他和当年大多数受过教育的英国人一样无所事事，在科学方面也没有明确的追求，但是萨宾如饥似渴地读完了亚历山大·冯·洪堡著名的《南美洲游记》(*Travels in South America*)[①] 的第一版英文译本。洪堡是当时最杰出的科学创始人之一，也是国际磁学研究的拥护者。为了获取磁力读数，他穿越了安第斯山脉，也因此获得了非常有价值的证据，表明地球上的磁场强度不是恒定的，而是随着纬度的变高而神秘地增加。对洪堡来说，磁学中蕴藏着关于地球、太阳和天空的秘密。

对于洪堡的崇拜者——爱德华·萨宾来说，世界各地那令人费解的磁力不一致性，加上极地极光那壮观的磁场"风暴"，这一切都体现了科学纯粹的浪漫。如此规模的数据收集需要艰难的跋涉、不屈的毅力和在偏远地区艰苦的考察。洪堡的"磁学十字军运动"为萨宾战后的生活确立了目标，并在英国研究机构的巅峰时期为萨宾奠定了 50 年的职业生涯基础。他仍然属于军队，却凭借磁力图表、学术论文和收集到的令人难以置信的大量数据获得晋升。他于 1861 年成为英国皇家学会（Royal Society）主席，是现代军官中的典范。

---

① 书籍名自译。——译者注

在后拿破仑时代的和平时期，萨宾踏上磁学道路之后，英国海军部为这位失业的军官找了一项有意思的新任务。对很多人来说，他们注定要去北极探险。萨宾是一位聪明的机会主义者，他立即投身于爱德华·帕里1819年对西北航道的探索，这是他第一次在北极越冬，也是他第一次担任非正式的磁学研究员。2年间，他在格陵兰岛的峡湾、戴维斯海峡（Davis Strait）的冰山顶上以及雄伟的兰开斯特海峡（Lancaster Sound）沿线进行了磁力观测，推断出了地磁北极的位置，也目睹了北极光让他的仪器胡乱蹦字。

在他回国后，皇家学会立即将他送上了环大西洋的航行，为的是将北半球的磁力分布填充完整。在接下来的3年里，干劲十足的爱德华·萨宾出现在了大西洋贸易区的各个角落，在那些没有钢铁、与世隔绝的地方，他仔细观察着自己的磁倾仪。在普拉亚港（Porto Praya）的棕榈树林、特内里费岛（Tenerife）的海滩、塞拉利昂（Sierra Leone）的堡垒墙下，以及暴风雪中曼哈顿疯人院的空地上，都有他匆匆记录读数的身影。萨宾收集到的数据虽然丰富，但无法给出定论。英国皇家学会的物理学委员会注意到，在遥远的地方，磁力异常具有一种很奇怪的同时性，但磁倾角和磁力强度的变化"显然没有任何规律"。

萨宾进行了5年的"磁学十字军运动"，而这些经历只是让他为这项任务做好准备而已。整个北半球仍有大量的数据需要挖掘。对于维多利亚时代的极地野心家罗斯、迪尔维尔和威尔克斯来说，南部高纬度地区还是一片空白，在世界被完全探索之前，这里便是他们获得荣耀的最后机会。相比之下，对于萨宾来说，未被发现的海岸线远不如它们的电包络线（妙不可言的空中磁场图）有吸引力。如果绘制南极大陆的地图能让某位探险家达到库克和麦哲伦的高度，那么萨宾一旦从南极收集的数据中发现磁性定律，他很可能被尊为第二个牛顿。

但在 19 世纪 20 年代，在南极的磁力探索遭遇了巨大的政治阻力。倘若英国海军想尝试探索南极，这将需要大量的资金，而这项任务已经远远超出了英国的贸易网络，回报率也很低。多年来，萨宾一直向英国皇家学会进行游说，但皇家学会无动于衷。因此，他转而效忠于更加进步的英国科学促进协会（British Association for the Advancement for Science），该协会的年度会议高调宣布，将为宣传磁学事业提供一个平台。在萨宾看来，法国和德国的著名磁学家进展迅速，对英国来说是一种威胁，为了确保英国在国际科学领域的领先地位，他们急需进行一次南极之旅。至于这场探索的实用性，萨宾认为发现磁性的普遍规律必然有其实际益处，只是不知道这种规律有多么超乎想象罢了。

然而，萨宾的请愿被忽视了。由于爱国主义这个理由不够充分，他转而开始借助更微妙的名人的力量，希望能够利用其跨越国界的影响力。具有讽刺意味的是，1836 年春天，在萨宾的要求下，完美的国际主义者洪堡给英国皇家学会主席苏塞克斯公爵（Duke of Sussex）写了一封信，正是这封著名的信拯救了英国的磁学家。在这封用法语写成的信中，洪堡以慷慨激昂的话语论证了磁学对"人类知识进步"的重要性，其中不乏吹捧之词，偶尔还提及了几个尊贵的名字来给整封信增加一些影响力。收集磁力数据需要在全球 4 个"偏僻之处"建立物理学研究站（换句话说，建立英国的殖民地）。帝国领土和新科学是共同延伸的，年轻的女王在她遥远的领地上只需要建立一个磁力观测站，便能完成自己世界帝国清单上的所有项目。这其中也包括最伟大的磁学成就：在南极建立观测站（这份荣耀理应属于英国）。

　　洪堡是现代磁学的创始人和各国国王的朋友，他的权威扭转了萨宾的困境。用英国皇家学会的权力掮客威廉·惠威尔（William Whewell）的话来说，"磁学十字军运动"已经是"迄今为止世界上最伟大的科学事业"了。现在，在普鲁士领军人物洪堡的及时斡旋下，萨宾再度燃起了希望。爱德华·萨宾长达十年的提议终于引起了怀特霍尔①的注意，首相签字同意，财政大臣批准了资金。对于这位海军军官的南极探险，一位现成的极地英雄成了他的代理人。詹姆斯·罗斯以及萨宾的"磁学十字军运动"将很快穿越南极圈，进入未知的带电粒子世界。

　　抵达霍巴特后，罗斯的第一个命令便是建立一个永久性的观测站，并配备专人每小时记录读数。据推断，建立在塔斯马尼亚的观测站将有助于填补南半球巨大的数据空白，并最终发掘神秘的地磁运动中的普遍规律。对英国政府来说，更实际的情况是，由于每年有大量的船只因不准确的罗盘读数而遇难，因此在磁学方面完成对导航技术的突破不但能保护贸易的顺利进行，还能保证英国对海洋的统治权。

　　一天早上，罗斯和他的北极老伙伴富兰克林共进了早餐，随后，为了勘查建造观测站的地点，两人一同调查了政府大楼附近的一块砂岩采石场，那里显然没有含铁岩石。到了当天下午，200 名服刑囚犯抵达现场，开始挖掘地基、竖立支柱，并将木材拉到工地。他们用特制的木钉代替铁钉。观测站的内部（非常不必要地）加了一层内衬，以减少外界的温度波动对内部产生的影响，还用一块木质隔板为磁力计提供保护，以确保观测人员身体散发出的热量不会对磁力计造成影响，观测人员则可以通过安装

---

① 英国政府所在的街道。——译者注

在台阶上的望远镜读出仪器上的微小数字。

霍巴特观测站的结构就像一座巨大的木制灯塔，俯瞰着风景如画的德温特河。事实上，全球范围内的众多磁力观测站都采用了这种结构。这是至今仍存在的磁学联盟的第一次迭代，当时，全世界有200多个观测站都致力于探索地球磁场。为了纪念"磁学十字军运动"的国际精神，罗斯建议，以德国著名理论家卡尔·弗里德里希·高斯（Carl Friedrich Gauss）的名字命名这个新观测站。但简·富兰克林夫人希望能以她心目中的英雄来命名，于是，观测站的名字就变成了"罗斯班克"。观测站开始了每小时的观测，观测人员不停轮换。船长罗斯和克罗泽在椽子上挂了吊床，在观测间隙小睡片刻。对于目前排在第三位的詹姆斯·罗斯来说，萨宾的磁力"玩具"是一种颇为有趣的消遣方式，可以让他不必一直想着威尔克斯和迪尔维尔，短暂地从给国家蒙羞的重负中解脱出来。与此同时，只要他醒着，他就在计划南极探索的航线，而这其中的灵感来源于一年前他在英国的一次幸运邂逅。

时间拨回到1839年9月，就在"幽冥"号和"惊恐"号从查塔姆码头起航的几天前，罗斯船长的膳宿管理士官来到甲板下面，传达了查尔斯·恩德比先生（Charles Enderby）的请求，这位先生希望能上船与罗斯说几句话。这位来访者于10年前从父亲手中继承了塞缪尔·恩德比公司（Samuel Enderby and Sons，《白鲸》中的一个重要角色），但他并不看重自己能赚多少钱，相反，他希望成为一名伟大的探险家的资助人，从而让皇家地理学会的贵族和知识分子接纳他成为学会中的一员。

詹姆斯·威德尔完成创纪录的旅程时，小恩德比就曾对其加以资助，此外他还资助了另外两次耗资巨大的南极探险，其中较早的一次由约翰·比斯科（John Biscoe）担任队长，他将威德尔航线北部和东部的岛屿绘制成图。另一次则在几天前刚刚完成。查尔斯·恩德比很庆幸他有机会将那次航行的日志和图表交给著名的罗斯船长。约翰·巴勒尼（John Balleny）接受了恩德比的委托，从新西兰直接前往极地，他最终发现了冰封的岛屿和一座火山，这也是这条经线上位置最靠南的陆地。此外，巴勒尼认为（只是认为而已），他看到了"陆地的样子"，也许那是一个大陆，甚至位置比以往的陆地更靠南。不过随后灾难就降临了。

约翰·巴勒尼当时已经60多岁，本来打算再也不出海了，但经济上的困难迫使他响应了查尔斯·恩德比探索南极的号召。和他一起航行的是一艘叫作"萨布丽娜"号（Sabrina）的小船，其指挥官是一位名叫托马斯·弗里曼（Thomas Freeman）的人。"伊丽莎·斯科特"号（Eliza Scott）上的船员（天知道怎么招募来的）注意到甲板上没有鱼叉和捕鲸绳，他们由此猜想，这次航行肯定油水很少，于是他们便都懒洋洋的。由于巴勒尼把甲板之下的所有女性都遣散了，所以他手下的大副经常对他恶语相向，途中一直醉醺醺的，全程都在生闷气。当海上的第一个礼拜日到来时，船长招呼所有人都来参加礼拜，结果整个右舷的值班船员都拒绝参加。很快，巴勒尼能指挥的就只有6个人了。

1839年2月的第一天，"伊丽莎·斯科特"号和"萨布丽娜"号抵达了南纬69度的浮冰带，这是船只沿这条子午线航行到达的最高纬度。几天来，他们在浓雾中沿着浮冰的边缘前进。2月9日，太阳从甲板上升起，他们可以在地平线上辨认出一些漆黑的轮廓，这些轮廓慢慢变成了被冰覆盖的岛屿，从冰山消融的地方可以看到裸露的岩石。弗里曼和巴勒尼同乘"萨布丽娜"号，尽可能地靠近浮冰，准备上岸。然而，拍岸的海浪淹没了整个海滩，弗里曼被卷到齐腰深的冰冷海水中，手里还抓着几块岩石样本。在他身后的远方，一座火山岛将白色的烟雾送进了暗淡的天空。

在3月的前几天里，冰面之外的海岸还能留给他们"惊鸿一瞥"。但这两艘船一艘是小型纵帆船，另一艘是个小快艇，根本不可能穿越浮冰，因此，他们的"发现"仍然遥不可及。一座巨大的冰山掠过，里面嵌着一块黑色的石头，这进一步证明了前方存在着一块陆地。也是在那一天，弗里曼带着船上的一个名为史密斯的男孩，驾驶着"萨布丽娜"号来到了"伊丽莎·斯科特"号旁边。由于史密斯实在过于无礼，弗里曼恨不得要杀了他。于是，巴勒尼将史密斯留在了"伊丽莎·斯科特"号，让弗里曼把一个性格温和的男孩扎金斯带回了"萨布丽娜"号。当巴勒尼命令史密斯去抓住舵柄时，史密斯对他破口大骂，不但故意松开舵柄，还向船长脸上扔了一根绳子。巴勒尼活了六十多岁，从未遇到过这么无礼的少年。于是，他抓住了史密斯的喉咙，将这个男孩扯到自己跟前痛揍了一顿。3月24日，"萨布丽娜"号在一场大风中沉没，全员遇难（最后一次看到这艘船的影子是船上那盏在海浪中闪烁的蓝色求救灯）。得知这个消息，巴勒尼的第一反应是为可怜的扎金斯感到惋惜，他不该用扎金斯去换一个无礼至极的史密斯。他们曾透过海浪发现了远处的海岸，而现在，那里成了"萨布丽娜"号的葬身之处。

詹姆斯·罗斯聚精会神地听着巴勒尼航行的故事。恩德比这位极地狂人竟然将两艘脆弱的小船（一艘纵帆船和一艘快艇）送入了地球上最危险的未探索水域。他猜测，恩德比一定已经跌入低谷，因为这支小船队居然找了7个商人出钱资助。在航海界众所周知的一件事是，比斯科探险队花费了数万英镑，而带回来的鲸油和海豹皮根本值不了这么多钱。"伊丽莎·斯科特"号独自艰难地踏上返程之旅，值得称赞的成就只是模糊地标注了一片岛屿。

但罗斯立刻看到了恩德比投资的价值。巴勒尼这位老船长沿着一条经线航行，在新西兰以南瞥见了浮冰之外的陆地，这意味着那里有另一条通往南极的路线。他让坚固的"幽冥"号和"惊恐"号冲过那片浮冰，航行到隐蔽的海岸，然后升起了国旗。巴勒尼那次毫无希望的航行不仅为罗斯开辟了道路，也为后来的斯科特和沙克尔顿提供了便利。今天，巴勒尼走廊是通往罗斯海科学研究基地的主要航线。至于查尔斯·恩德比，他对极地的痴迷最终让自己家族的捕鲸帝国陷入了困境。他与女儿及其家人住在伦敦格林公园附近的狭小房间里。从那之后，恩德比家族的首要家规便是绝不借钱给查尔斯叔叔。

1840 年 11 月下旬，"幽冥"号和"惊恐"号来到了以查尔斯·恩德比命名的亚南极岛屿（恩德比岛），在岛上那个树木繁茂的港口，一场猛烈的暴风雪咆哮着从西边的山丘上呼啸而下。所有人足足花了 5 个小时才把船安全停好。在海滩上，他们看到了竖立在沙滩上的两块木板。其中一块木板上写着美国人留下的信息。8 个月前，双桅横帆船"鼠海豚"号完成在南极圈的探险巡航之后，在返航途中离开悉尼，在恩德比岛登陆。一个瓶子里的一条信息则提供了更多细节，尽管其中的字迹已经被水泡得模糊不清了："鼠海豚"号沿着冰原航行，大概比旗舰"温森斯"号的位置更靠北。瓶子里的标志和信息都没有提到威尔克斯吹嘘的"南极大陆"。

然而，另一块木板上的内容更加令人不安，上面是迪蒙·迪尔维尔用法语写下的信息。从霍巴特出发的"星盘"号和"信女"号于 3 月 11 日在此登陆（差点和美国人打照面），然后出发前往新西兰。上面还写着，1 月 19 日，法国船只发现了"阿德利地"，并确定了地磁南极的位置。

罗斯的心沉了下去。比迪尔维尔发现大陆更令人焦躁的是他骄傲地宣布自己发现了地磁南极。把发现大陆和磁极的荣耀都拱手让给了法国人，这意味着罗斯将带着耻辱航行回家。他会拿着减半的报酬烂在岸上，更别想结婚了。英国船长只能把希望寄托在迪尔维尔含糊其词的措辞上：迪尔维尔只是"确定"了地磁南极，而不是"到达"了地磁南极。

在港口西侧一个隐蔽的海湾里，他们带着一个便携式的观测仪器上了岸。萨宾已经在磁力观测日历中雄心勃勃地指定好了"观测日"。世界各地的观测台一致同意，要在 24 小时的周期内每两分半钟获取一次磁力读数。如果定期观测获取到的主要是异常读数，那么观测日的读数在相邻间隔中的变化可能会揭示人们一直以来渴望发现的普遍磁作用定律。观测日就快到了，罗斯命令所有人砍掉树木，挖掘地基，以便安置观测台。他们挖得越深，泥炭沼泽就越软，最后只好扔下石块和装满沙子的桶，以此作为固定磁力计的地基。

萨宾曾推测，南半球高纬度地区的磁力活动可能完全是原始状态，因此便能提供一个突破性的线索。但恩德比岛的数据并没有出现期盼的异常值。这些仪器对来自地球液体地核的磁脉冲作出了瞬时响应，在各个方面都表现得很好，就像罗斯和萨宾在北极进行的观测一样。

除了一周不间断的观测，萨宾还指示罗斯对恩德比岛的磁倾角和强度进行绝对测定。在从霍巴特到恩德比岛的航行过程中，磁倾仪上的磁倾角在稳定增加，与他们驶向极点的距离成正比。但一到岛上，仪器就乱了。哪怕只相隔30码的距离，读数差别也很大。接近悬崖边的岩石时，罗盘指针开始旋转。当罗斯测试岩石本身的磁性时，他发现它们的极性是从北向南发生变化的，这取决于他所选取的岩石的随机位置。他的地质学家麦考密克还给他拿来了一袋从岛屿各个地方找到的含铁岩石样品。因此，罗斯总结道，恩德比岛是"一块巨大的磁铁"，一个磁力之岛，在这里，他的仪器毫无用武之地。

"幽冥"号和"惊恐"号离开恩德比岛后，穿越了南极辐合带。在这里，来自北方的热带海水被寒冷的南冰洋中巨大的输送流所吸收。元旦前夜，他们穿越了南极圈，又突然冲到了浮冰之上，在大雪中摩擦着冰面航行。一开始，罗斯非常沮丧，因为他没想到在如此靠北的位置就遇到了浮冰，但浮冰普遍比较薄，并且一块一块散落着，这又让他重新振作了精神。天气转晴后，军官们对目前的状况进行了全面评估。从桅杆瞭望台上可以看到，闪闪发光的浮冰一直向南延伸，丝毫没有陆地或其他终端的踪迹。在那片巨大的浮冰冰原的某处，隐藏着罗斯的奖品：地磁南极。但是，他的船是否能在这浮冰中幸存下来，从而带着全体船员到达那里，然后再安全地将他们带出呢？

在浮冰边缘，罗斯陷入了焦虑之中，眼睛一直注视着海面，期待着机会的来临。此时，磁倾仪读数为81度40分，距离极点不到9度。又一场暴风雪卷起了汹涌的海浪，将松散的浮冰推过甲板，形成一层又一层的冰冷泡沫。黑暗中，冰山的影子渐渐浮现，离船越来越近。1月5日，罗斯再次避开浮冰，像一只引诱熊的狗一样寻找突破口。他们被吸引到一片开阔水域，罗斯感到60个人的目光都集中在他身上。一股强风从北方吹来，直奔海面。如果他们现在行动，进入浮冰，那么他们便会陷入困境，自

维多利亚时代的帆船在狂风暴雨、冰天雪地中所面临的巨大风险在这张图片中展现得淋漓尽致。

来源：詹姆斯·罗斯，《南半球和南极地区的发现和研究之旅》①（*A Voyage of Discovery and Research in the Southern and Antarctic Regions*，1847 年）。伊利诺伊大学厄巴纳 – 香槟分校珍稀图书和手稿图书馆。

然也不会回到这片安全的水域。一个负责任的船长至少会等待风暴云过去，然后再命令他的木船进入一片坚如磐石的浮冰海域，因为现在肉眼根本看不到合适的目的地或逃生路线。

但罗斯没有一丝犹豫。

━━━━━━━━━━━ • 插曲："磁学十字军运动" • ━━

1912 年，道格拉斯·莫森追随着查尔斯·威尔克斯和迪蒙·迪尔维尔的步伐，带领自己的探险队前往东南极洲的大风海

———————————

① 书籍名自译。——译者注

岸，在此之前，他曾在欧内斯特·沙克尔顿的带领下，乘坐"尼姆罗德"号（Nimrod）前往西南极洲和罗斯海。沙克尔顿从位于埃里伯斯火山下的罗伊兹岬（Cape Royds）的探险家之屋出发，第一次对地理上的南极发起了冲击，不过以失败告终；而莫森则与另外两名探险家一起向相反的方向（北方）进发。他们收到的命令是对维多利亚地裸露的山脉进行地质勘查，同时，为了向同胞詹姆斯·罗斯致敬，他们也将探寻难以寻找的地磁南极。

早在 1831 年，罗斯就曾站在北极冰原上，看着磁倾仪上那脆弱不堪的指针缓缓下降，直到它直指他的脚下，而那个指针似乎也穿过地球的中心，指向南极冰原上那个假想的地磁南极。那一刻的喜悦给罗斯留下了难以磨灭的印象。对他来说，地磁南极似乎是无人认领的终极探索大奖，而他，将是第一个站在地球两个磁场中心的人。

相比之下，对于沙克尔顿和其爱德华时代的人来说，发现磁极根本没有什么吸引力。罗盘能准确地指向地理极点（在这里能插上胜利的旗帜，留下胜利的影像），而磁极的探索似乎是一种更学术的追求，是 19 世纪热衷的话题。地球上的磁极位置每年都会发生变化，甚至每小时都在变化。对 20 世纪早期的一般民众和探险队的资助人来说，磁学的高风险本就难以承受，更不用说其中需要的数学运算了。

因此，在尼姆罗德探险队中，沙克尔顿将这项 B 级探险任务委托给了那些不必冒险参加自己史诗般的南极战役的人。埃奇沃斯·戴维（Edgeworth David）是一位瘦削的中年教授，他将与 2 位年富力强的同伴莫森和阿利斯泰尔·麦凯（Alistair Mackay）相互照应，并尽己所能将英国国旗插在横贯山脉以外，插在地磁南极之上。他们 3 个人都没有责怪沙克尔顿给这个探险队只安排了 3 个人，但在为期 4 个月的探险旅程的低谷时刻，这个地质学家三人组确实有理由诅咒詹姆斯·罗斯，因为正是罗斯回忆起自己长期在加拿大北极低地冰原滑雪的经历，才让他们认为从陆路跋涉到地磁南极是一项简单的任务。

1908 年，在南极夏季即将结束的时候，莫森、麦凯和教授戴维来到埃里伯斯火山的山顶，俯瞰他们将要踏上的旅程。他们是第一批登上这座山山顶的人。在蒸汽云的缝隙之间，罗斯 1841 年那次著名航行中的壮观地标展现在他们面前，这是南极探险时代的一幅美丽画卷。

在"同伴"特罗尔火山的旁边，被冰雪覆盖的埃里伯斯火山像冒烟的岗哨一样矗立在大冰障（Great Ice Barrier，后来被称为罗斯冰架）的西部边界。上千英尺处的冰碛石表明，冰障曾经覆盖火山的斜坡，而现在正在向下消退。在克罗泽角（Cap Crozier）的特罗尔火山东麓聚集着世界上最大的帝企鹅群。几年后，罗伯特·斯科特在南半球冬季住在埃文斯角（Cape Evans），在此期间，克罗泽角成为有史以来最草率的极地探险目的地。当时，在冷风呼啸的冬季黑夜，3 名男性冒险穿越埃里伯斯火山和特罗尔火山的山坡，只为带回一只帝企鹅的蛋——这是彻里·阿普斯利 – 加勒德（Cherry Apsley-Garrard）的小说《世界最险恶的旅程》（*The Worst Journey in the World*）中描写的一段不朽旅程。

埃里伯斯火山的火山口是冰与火的交界处，那里不断发出嘶嘶声，像一个巨大的蒸汽浴盆。每隔一段时间，这口半英里宽的大汽锅就会发出隆隆声，莫森等人立刻被硫黄云笼罩。从山顶向西望去，在布满冰块的麦克默多海峡之外，他们看到了一幅非凡的景象：在遥远的维多利亚地的岩石斜坡上，宽达 40 英里的埃里伯斯火山的阴影缓缓上升。他们沿着冰封的海岸线前往南极，从费拉尔冰川（Ferrar Glacier）向北到库尔曼岛（Coulman Island，詹姆斯·罗斯取的名字，希望以此获得未来岳父的谅解）。莫森的磁倾仪指引着他们向西进发，沿着山腰到达内陆高原。在遥远的冰原上的某个地方，他们的目的地——地磁南极正在移动，就像环绕着他们的埃里伯斯火山的蒸汽云一样变化无常。

他们于10月初出发，雪橇上装满了粮食。他们还带了几匹小马，以及一台留声机，能在晚上播放一些伤感的歌曲。但这些东西很快就被扔在路上了，不久之后，3名探险家只能拖着一架雪橇，在罗斯海沿岸的一片冰冷平原上艰难前行。大多数时候，他们根本分不清他们踩过的冰是在陆地上还是在水上。

在费拉尔冰川（以斯科特"发现"号上的地质学家命名）的河口，他们停了下来，仔细观察横贯南极的冰川山谷壮丽的几何结构。在两侧，巧克力色的费拉尔粗粒玄武岩山峰呈完美的平行排列，它们与高出地平线上的冰融合在一起，将冰染成了紫红色。壮观的费拉尔岩床由7000立方千米的岩浆岩构成，目力所及，南北两侧到处都是这种岩石——这是地球上最接近火星表面景观的地方。它们诞生于1.8亿年前，记录了地球历史上最剧烈的火山活动。在山坡上，他们在裸露的岩石中观察到了一个清晰的裂沟，这是一个巨大的冰川（在其体积最大的时候）前进时留下的印记，至于出现的时间，也许是在最近的一个地质年代。他们又往北走了一点，拿出了国旗。尽管在这片陌生的土地上多少有些无助，但他们还是宣称，这座跨越南极洲的山脉属于爱德华国王以及大英帝国。

11月初，他们还在海岸边挣扎，拖着雪橇一会儿上坡，一会儿下坡，就这样行走在一望无际的蓝色冰脊上。如果前方有一个裂坑，那他们必须先卸下雪橇上的东西，用绳子运到对面，然后重新打包。莫森拿出他的磁倾仪，上面显示他们的位置在地磁南极东南方向数百英里处。很明显，他们现有的补给不足以支撑他们走到地磁南极再安全返回。为了给返程留足口粮，他们现在必须节省。3 个人也因此变得饥肠辘辘，身体越发虚弱。他们开始对食物产生幻觉，还以探险队厨师的名字命名了一个突出的海角。与此同时，麦凯对埃奇沃斯·戴维逐渐产生了强烈的恨意，从系带后面踢他的脚后跟。而戴维——这位 50 岁的教授——已经无法完成自己的分内职责，痴呆症使他时而清醒，时而糊涂。

　　漫长的 2 个月后，在高原之上的他们甚至感觉现实也是一种幻觉。到处都是被称为粒雪的结晶，它们像钻石一样闪闪发光。一天早上，他们看到天空中有 3 个不同的太阳。这是因为空中晶体的反射在地平线上产生了一个发光的光环，两个假太阳的光晕在真实的太阳旁边闪烁。同时，雪盲症也使他们越发难以读出磁倾仪的读数。在磁倾仪处于平稳状态时，莫森对比了 1841 年同一纬度的磁力读数，确定罗斯当时认为的地磁南极在向东移动，到达他们现在的位置，而实际上，它正在向西北方向移动，离他们越来越远。

　　莫森的嘴唇已经完全干裂，露出肉来。每天早晨，睡醒的他都会发现自己的嘴已经被风干的血糊住了。麦凯闷闷不乐，教授偶尔会胡言乱语，但对失败的恐惧战胜了所有的创伤，所以他们还在坚持。1 月 15 日，磁倾仪读数为 89 度 45 分，与垂直方向只相差了一小段。那一刻，他们离目标也许只有几英里。考虑到磁极每天都会移动，莫森推测，待在原地也许是个更好的选择，这样可以等待磁极从他们下方经过。但数理逻辑并不能满足他们作为探险者的那种仪式感，所以他们离开帐篷，朝着接近极点的方向走了5英里。在距离地理南极数千英里的南纬72度25分处，莫森做出了"到达"的手势，表示到达了地磁南极，这个位置是根据几页潦草的读数计算得到的平均位置。在那张纪念他们成就的照片上，一根木杆上有一面厚实的旗帜，旁边还站着3个表情严肃、蓬头垢面的男人。出于对胜利时刻的尊重，他们露出了头。在他们身后，一场刚刚落下的雪与白色的天空相融，而地磁南极的发现者在这个背景中就像在白纸上涂抹的人类污渍。

1836年，亚历山大·冯·洪堡向英国皇家学会主席苏塞克斯公爵描述了地磁学的研究范围，称这是一项"数百年的工作"。这种说法并不夸张。随着罗斯于1843年从南冰洋返回，爱德华·萨宾的航海日志中记录了来自世界各地的数十万次磁力读数。他在伍尔维奇（Woolwich）的一栋办公楼里指挥一个陆军文员旅，通过数百万次的计算来处理这些数据，整个过程需要10年才能完成。但即使付出了这么多努力和代价，大量的数据也未能揭示一定的规律或者模式，当然也不会有普遍的磁学定律。在陷入怀疑的时候，爱德华·萨宾觉得他这30年的"磁学十字军运动"是一个极其荒唐的行动。

一次幸运的突破及时挽救了他的声誉和职业生涯。萨宾的妻子伊丽莎白是一位极具天赋的语言学家，她正在为一家伦敦出版商翻译洪堡的史诗巨著《宇宙》①（Cosmos）。萨宾在家中翻看校稿时，得知了洪堡的同胞海因里希·施瓦布（Heinrich Schwabe）的工作，后者毕生致力于记录太阳黑子的活动（这种狂热跟萨宾相似）。令他惊讶的是，施瓦布记录的太阳黑子的峰

---

① 书籍名自译。——译者注

值与他自己的数据中的地磁异常（或地磁"风暴"）相匹配。驱动磁场的地球内部力量仍然是一个未知数，但这证明了磁学在地球动力学和行星电连接中的重要作用。

萨宾和罗斯并没有在活着的时候看到磁学展现出全部潜力，但他们在地球物理学方面的直觉是很准确的，而他们的巨大努力对地球科学史来说也无比珍贵。事实证明，从 20 世纪中期开始开发的磁学工具及其获得的数据对解决地球和南极洲历史上尚未解决的重大问题具有决定性作用。

1954 年 1 月，一群英国磁学家聚集在伯明翰（Birmingham）召开会议。以位于华盛顿特区的地磁部（Department of Terrestrial Magnetism）为代表的美国磁学研究已经陷入瓶颈，但战后英国的新生代力量却发现能量问题是一个松散的、需要跨学科研究的集合体。这些第二代"磁学十字军"同样从推动萨宾、罗斯和莫森进行研究的宏大问题开始，即由于地球液态核心的旋转动力源，地球磁场呈现难以理解的复杂性，并与太阳风相互作用。于是，他们重新展开调查，在推动 20 世纪科学发展的两大论战——大陆漂移和气候变化中，很快便让不受欢迎的地磁领域成为焦点问题。

在那场伯明翰会议上，一些与会者详细阐述了古地磁学的新兴领域：各种各样的岩石在快速冷却的情况下，如何永久地记录了它们诞生时地球磁场的方向，从而在地质时间尺度上打开了研究磁场变化的突破口。早期古地磁学研究的一个特点是分析大量令人头晕目眩的数据及其对行星的影响。首先是最重要的一点，地球的两个磁极曾多次翻转 180 度。本着爱德华·萨宾的精神，伯明翰的演讲者拿出了他们的古地磁学旅行日记。从冰岛的火山床到苏格兰的马尔岛（Mull），再到美国西北部的哥伦比亚河（Columbia River），所有的岩石样本都显示出地球磁场的间歇性反转。此外，在两极，磁场的方向也会发生变化，这证实了磁极不是固定的，而是会移动的。

一位名叫詹姆斯·克莱格（James Clegg）的演讲者甚至大胆地提到了大陆漂移，这在当时几乎是一种异端学说。如果地极迁移不足以解释岩石中的磁倾角，那么必然是岩石本身移动了。在热烈的讨论中，大家一致认为，只有比较不同大陆的古地磁学数据才能解决这个问题。如果按照阿尔弗雷德·魏格纳（Alfred Wegener）在20世纪20年代提出的有争议的观点，大陆彼此之间的位置发生过变化，那么这种变化便会体现在数据上。

研究生泰德·欧文（Ted Irving）是伯明翰会议中的一位与会者，他决定率先发表自己的成果。尽管欧文需要赶着完成自己的毕业论文，同时还要收拾行李去澳大利亚找工作，但他还是设法从印度和塔斯马尼亚的联系人那里收集了重要的数据。正如他大胆猜测的那样，地磁极点的"位置"在各大洲之间变化很大。结合他在伯明翰的同事那里得到的数据，亚洲的研究结果表明，欧洲和北美洲自侏罗纪以来就已经分开，而最引人注目的一点是，印度在向北漂移到现在的位置之前，曾一度停留在南半球，并且在移动过程中缓慢地旋转。

作为一名年轻学者，欧文处在一个因魏格纳的"活动论"理论而两极分化的领域，他明白说出自己的主张会面临职业危险。他可能已经证明了大陆漂移学说，但至少他本人不能提及这一点。因此，他为自己在1956年发表的极具突破性的文章取了一个含糊其词的标题：《地极迁移的古地磁学和古气候学角度》（*Palaeomagnetic and Palaeoclimatological Aspects of Polar Wandering*），其中并没有提到大陆漂移。澳大利亚地质学会

（Geological Society of Australia）的评审人员立刻识破了这一诡计，当即予以拒稿，迫使欧文在一份意大利期刊上几乎毫无动静地发表了他的独家发现。

5年后，剑桥大学的弗雷德·瓦因（Fred Vine）和德拉蒙德·马修斯（Drummond Matthews）在海底发现了磁极翻转的"条纹"（stripes），证明了海底在动态地向外扩展，大陆漂移学说正式成了板块运动论，最终为人所接受。美国地质界顽固的大陆固定学说的拥护者勉强投降了，但胜利从来都不是理所当然的。在20世纪50年代英国磁学研究复兴之前，魏格纳的大陆漂移学说基本上无人问津。通过古地磁学，板块构造理论在短短10年内便成为现代地球科学的基础。在第一次"磁学十字军运动"发生一个多世纪后，洪堡、萨宾和詹姆斯·罗斯获得了一次姗姗来迟但具有纪念意义的平反。

除了大陆漂移的古地磁学证据，泰德·欧文在1956年发表的论文首次将岩石磁性与古气候学联系了起来。岩石的磁性"胎记"包括它们最初的"倾角"，这精确地记录了它们在形成时所在的纬度。反过来，这可能与岩石中嵌入的沉积物的气候特征相对应。由于在更大的磁极反转时间线内可以确定岩石所处的年代，因此磁石地层柱便展现了丰富的同时代的气候历史，并且与大陆的漂移、海洋的流动，以及巨大冰盖的扩张与消退紧密相关。

最重要的是，地磁极性年表（Geomagnetic Polarity Time Scale，GPTS）的建立为海洋氧同位素分析提供了一个时间表，通过它可以追踪并测算过去的极地冰盖。正是通过同位素分析，吉姆·扎科斯和第128航段的科学家将3400万年前始新世–渐新世过渡期确定为全球降温期，在这一时期，冰盖首次覆盖了南极大陆。但其中仍存在一些问题：埋藏在海底的古有孔虫化石壳是冰川作用的指标证据，但能否找到南极洲出现冰川的直接物理证据？

后来，人们再次将目光转向了磁学，它以新的姿态成为古气候学的研究基础。20世纪70年代初，从湖床到沙漠，人们在世界各地都发现了磁性矿物，这为数百万年来的全球环境变化提供了详细的档案。最普遍的磁性矿物被称为磁铁矿（传说中的天然磁石），它起源于一种玄武质熔岩流，同海底火山的喷发物一模一样，人们可以通过这种磁石确定构造板块的年代。当玄武岩熔岩中富含铁的晶体冷却时，磁性晶体（黑色、闪亮，且密度很大）便会被密封在岩层中。随着地质时代的推移，岩石遭受风和雨的侵蚀，在第二次漫长的过程中，岩石会通过空气或河流将矿物颗粒释放出来，这些颗粒会漂泊到一个新的地方沉积下来。人们在实验室里对磁铁矿进行了分解和仔细检查，其中的颗粒揭示了它们的经历和行星气候变化的详细历史。沉积层中的磁铁矿强度和浓度是冰川作用的象形文字。例如，低浓度的沉积磁铁矿可能标志着冰河时期寒冷干燥的气候，而湿润的间冰期则以指数级的速度将磁铁矿输送到洋盆。

对于南极气候历史学家来说，南极何时首次出现冰川是一个棘手的问题，而磁铁矿是取之不尽的证据。1986年末，一艘新西兰研究船沿着"幽冥"号和"惊恐"号的航线向南穿越浮冰，经过多风的阿代尔角进入罗斯海。由于横贯南极山脉靠近右舷船首，这艘船便开始模仿1909年沙克尔顿的"尼姆罗德"号的航线——当时，沙克尔顿急切地想在岸上找到3名失踪的南极探险者（他们能活着被看到，纯属偶然）。在南纬77度的费拉尔冰川出口，道格拉斯·莫森和他的同伴开始了他们的历史性探索，而后来的"磁学十字军"在冰原上建立了一个钻探平台，其厚度足以在一个月的时间内支撑超过50吨的工业机械。他们在岩芯中安装了碳氢化合物传感器，以免偶然遇到带有易燃气体的沉积物，致使整个作业被迫停止。人们每天用直升机将岩芯样本运送到麦克默多湾附近的美国科考站，在那里，古地磁学家拥有他们的专属实验室。岩芯的潮湿部分会被放在托盘上，看起来像宗教祭品一样。

在麦克默多科考站的实验室里，技术人员确定，近海开采的磁铁矿颗粒起源于侏罗纪时期，当时正是火山运动频繁且剧烈的时期，促使冈瓦纳大陆解体，并形成了横贯南极山脉。数百万年来，风和水塑造了山谷和河道，风化的磁性矿物（主要是费拉尔粗粒玄武岩）通过这些通道进入大海。随后冰川出现，像石棺一样将丰富的火山土壤和树木繁茂的高山封闭了起来。

后来，罗马的莱昂纳多·萨格诺蒂（Leonardo Sagnotti）领导的一个国际古地磁专家团队确定，第一个岩芯（被称为CIROS-1）中的磁铁矿含量会根据其所在沉积柱的情况而产生剧烈波动。在海平面以下430米处的一个临界点，磁铁矿的浓度发生急剧变化。萨格诺蒂总结道，在430米以下，罗斯海的气候温暖而潮湿，富含风化粗粒玄武岩，磁铁矿与从横贯南极山脉的山坡处冲刷下来的土壤混合在一起。相比之下，在430米以上的地方，磁铁矿含量急剧下降，在沉积柱越靠上的地方，颗粒也变得越来越细小。这是干燥的冰川气候造成的结果，类似于今天的南极洲，它限制了水和风的侵蚀作用，并将剩下的磁铁矿粉碎成更小的颗粒。

在CIROS-1岩芯中，人们取得的突破是确认了南极在始新世 – 渐新世过渡期初始冰川的形成日期，这是吉姆·扎科斯和海洋钻探计划第 120 航段的科学家于 1998 年首次提出的时间线。海平面以下 430 米处的磁铁矿含量临界点与始新世 – 渐新世过渡期精准对应，在这个关键的地球历史过渡期被确定的证据中，这个岩芯的位置是最靠南的。维多利亚地位于南极洲的中心地带，而其海岸冰川作用的物理证据，证明了埋藏在数千英里外的凯尔盖朗岛周围的微体化石所表明的一件事，那就是南极洲的冰原起源于 3400 万年前，当时正值一场气候剧变，而这场剧变彻底改变了生物圈。藏身于罗斯海下面的磁铁矿颗粒标志着冰川地球的形成。在维多利亚时代，爱德华·萨宾和詹姆斯·罗斯一起发起的"磁学十字军运动"已然经过了数代人的努力。他们本来只是要寻找一个"圣杯"，即磁学中那个不存在的普遍规律，谁承想，他们却在这个过程中发现了另一番天地。

第十二章 罗斯漫游仙境

1841年1月，北方的狂风呼啸而来，詹姆斯·罗斯决定向浮冰发起冲锋，当时，"幽冥"号和"惊恐"号相距约1英里。罗斯下令降帆减速，让船缓缓地靠到浮冰上。一旦进入浮冰的范围，罗斯便命令立即升帆，开始执行任务。很快，他们视线的尽头再也没有任何水域了，这意味着他们已经完全被浮冰包围。在穿过南极圈、进入浮冰区之后，罗斯下令分发防寒装备，包括箱型夹克、靴子、厚袜子和"威尔士假发"（一种羊毛鸭舌帽）。冰面平整、雪白，小山丘星罗棋布。浮冰上的海豹无精打采地看着船员，而索具上的人们则保持着警惕，时刻观察南方是否有一闪而过的通道。否则，当船体一次又一次地撞上浮桥大小的冰块时，他们只能死命坚持。他们已经厌倦了听到船体碎裂的声音。

1月6日，军官们聚集在船长的船舱里，以传统的方式庆祝他们来到南极之后的第12个夜晚：蛋糕、谜语和模仿皇室成员。然后，就像一份迟到的圣诞礼物一样，在越发黑暗的天空下，浮冰中露出了一片开阔的水域，仿佛告诉他们前面没有浮冰。当磁倾仪显示为85度时，"幽冥"号笔直地驶向地磁南极，他们希望能在几天之内找到那里。但詹姆斯·罗斯命中注定无法赢取这第二份荣誉。他大胆设计的南下航线让他找到了"未知的南方大陆"，还有一片未被发现的海洋，以及众多的奇观，但并没有让他找到地磁南极。

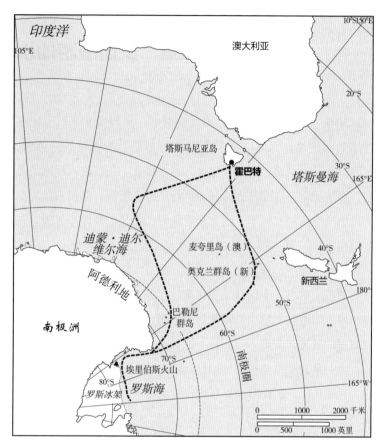

1841 年，詹姆斯·罗斯从霍巴特出发，选择了一条全新的路线前往南极，为英国探索了地球最南端的极地海洋。罗斯的伟大航行开启了19 世纪末南极探险的"英雄时代"。

来自北方的大风把他们吹到了一个宛如城堡的冰川王国的边缘，他们中的任何一个人，甚至是曾去过北极的老手都不曾想象过眼前的情景。他们第一眼看到的是陆地（一连串白雪皑皑的山峰，清凉而又冰冷）与云层融为一体。然后，在凌晨两点，一个新的冰层出现在雾霭之中。轮休的军官从床上醒来，挤在左舷船头，眯着眼睛通过望远镜注视着这一切。在接下来的1个小时里，圆锥形的冰山与雾中朦朦胧胧的光交织在一起，军官们认为自己又一次进入了虚幻之中。

云层升起，露出了前方的群山，山脚处是漂浮的白色岛屿。冰雪覆盖了整座山脉，除了岩石山峰，或是在水边断裂的陡峭的黑色悬崖，所有事物汇聚成了一个巨大的水晶。天气转晴，眼前的景色形成了一幅壮丽的渐变三联画：阴沉的悬崖，白色的山峰，还有明亮的蓝天。就像偶然出现在画中的过客一样，"幽冥"号和"惊恐"号的士兵默默地站在船头，而罗斯船长和克罗泽船长的本能则让他们小心翼翼地绕过了这致命的海岸。

山坡向西裂开，成为通向极点的路径，一直延伸到无尽的远方。在山坡之间，几英里宽的冰川一路绵延，从看不见的大陆深处缓缓下降。冰川布满山谷，延伸至海岸，形成了数英里长的冰架。早餐后，英国船队来到了整个区域内最高的山峰脚下。这座山峰从岸边拔地而起，直穿云层。罗斯把它命名为萨宾山（Mount Sabine），因为它必然俯瞰着地磁南极。他将向南延伸的这座巨大山脉命名为海军部山脉（Admiralty Ranges）。对于英国水手来说，即使是见惯了高山的军官，这条山脉的范围之大也令他们瞠目结舌。冰川的数量远远超过了北极冰原上的任何事物，这也让他们感到惊奇。

约瑟夫·胡克倚在栏杆上，手里拿着一张素描纸，他想起了自己曾经读过的关于安第斯山脉的描述，这些山脉完全被冰所覆盖。在他的家乡苏格兰高地，没有什么能比得上这些如水晶般的巨大悬崖，在它们的上方，永不落下的太阳将云映成了金色。他试图画下那没有灰尘和水汽的蓝天。看起来很不自然的天空又勾勒出整个场景，使每一个细节仿佛都近在眼前，透露着一种难以置信的真实感。胡克再次将视线投向高处，如木炭一样的黑云悬浮在暗红色的光晕中。这景色简直无与伦比。人类的眼睛仿佛不堪一用的镜头，单是看都是在破坏这幅美丽的景象。

胡克收起草图，随后让船员将拖网从船边放下。回想起在英国时，皇家学会的博物学家向他保证，没有海洋生物能够在极地的严寒中生存，尤其是在深海。但当成堆的软体动物、虾、海蝶、一种红色甲壳类动物以及色彩斑斓的珊瑚被扔到甲板上时，这些拖网中的东西推翻了他们在温带地区作出的所有假设。大量的鲸鱼和海燕环绕在"幽冥"号周围，它们也是这个海洋聚宝盆的受益者。尽管前方的山脉像一幅画一样平静而庄严，但周围的海洋中却满是喧闹、活跃，甚至贪婪。

到了中午，两艘船已经到达了库克船长曾经到过的最南端：南纬 71 度 15 分。远处的地平线上仍能看到开阔的海面。罗斯估计，地磁南极位于南纬 76 度，在山脉的另一侧，因此还需先向南再向西走 500 英里。现在，有向北和向南两条迂回路线通往地磁南极，罗斯最终选择了向南的路线。如果有必要的话，这片新发现的南方大陆会证明他的选择是正确的。他和他的手下会在某处海滩登陆，接着插上国旗，建立基地，然后探索土地，并在此过冬。原本的计划是这样。然而，尽管这是有史以来位置最靠南的土地，几乎触手可及，但这只能算是一个安慰奖，根本无法让他从沮丧的情绪中走出来。在巡航结束前，罗斯下令将之后要用的国旗挂在桅杆上晾晒，以防发霉。

1 月 12 日，罗斯第一次向"惊恐"号发出了登陆的信号。随后，"惊恐"号上的船员放下了小船，在到达距离海岸 1 英里的一些岛屿时，船员们发现自己被卷入一股湍急的水流中。汹涌的巨浪裹挟着冰块砸向小船，几乎将小船完全淹没。冰川上的寒风让他们喘不过气。要想登陆"海岸"（实际是一个 10 英尺高的冰崖，坚硬如岩石）根本是无稽之谈，因此，他们不再逆流前进，而是登上了一个满是企鹅的小岛，就此开始了对南极洲的征服之旅。其实小岛的海滩也被浮冰所包围，但罗斯看准了时机，从小船上跳起，跟跟跄跄地上了岸。克罗泽紧随其后，其他人也一一登岸。岛上弥漫着难闻的气味，有的来自腐烂的企鹅尸体，有的则是活着的企鹅排泄的高及大腿的粪便。当探险者们爬到岛上的小山时，他们像从沼泽中获救一样。他们先是举起了国旗，接着罗斯发表了简短的演讲，声称眼前的一切皆属于维多利亚女王。然后，他们欢呼了三声，结果企鹅们一边尖叫，一边用喙朝他们啄去。至此，在维多利亚地的占领岛，英国皇家海军的占领只持续了 25 分钟。

几天过去了，他们一直没能等来再次登陆的机会。冰封的海岸峰峦叠嶂，坚不可摧。南纬 76 度，在地磁南极的正东方，他们来到了一片露出海面的巨大岩层，沿岸布满了各种鸟类。罗斯将这里命名为富兰克林岛（Franklin Island）。据他推算，如果他们最终未能沿水路到达地磁南极，那么，这里可能是离地磁南极最近的登陆点。于是，他们再次乘船出发，这次还带着安妮·库尔曼赠送的丝绸制成的英国国旗。不出他们所料，这座岛比想象中的要远，并且，当他们最终靠岸时，这座岛也更加令人恐惧。在望远镜中看到的那座悬崖似乎不难翻越，但走近之后，那隐约可见的悬崖大约有 300 英尺高。

他们几乎围着岛转了整整一圈才发现东南方向的悬崖下有一个小沙滩。罗斯来到"惊恐"号的捕鲸小艇（两艘小艇中更加坚固的一艘），然后将一根绳子扔向"幽冥"号的接应艇。两艘小艇靠近海滩时，巨浪几乎要将它们掀翻，幸好接应艇及时将捕鲸小艇拖走。当他们来到一个突出的壕沟时，罗斯再次站了起来，将身体倚靠在副手的肩上来保持平衡。克罗泽表示，把手放在岩石上也算着陆，自然也拥有对于这座岛的命名权。听到这些话，罗斯不以为然，随后，当海浪冲向他时，他立即跳到了因结冰而异常光滑的岩石上。克罗泽将将跟上，但有两名军官掉进了海里，只能紧紧抓着接应艇的绳索。接着，又有一个人掉进了海里，这次他没有抓住绳子，直接消失在了海浪中。幸运的是，他浮出水面的位置就在船的旁边，只见他面色苍白，气喘吁吁。其他人赶忙把他拖到船里，帮他脱掉衣服，用自己的夹克给他裹上取暖。

　　罗斯终于恢复了理智，在岩石上无助地注视着眼前的一切。他们探索未知的南方大陆有着严格的条件限制，与他们在北极地区的情况截然不同。这是一片非常广阔的土地，但没有任何可以登陆的海滩或进行探索的入口。其南部是一片开阔的海域，但即使在盛夏，这里的气温也会下降，使得在此过冬成为一件难以想象的事。他们只是这里的匆匆过客，并不受欢迎。在富兰克林岛尝试之后，罗斯放弃了所有的登陆努力。磁倾仪的读数已经超过88度，这意味着地磁南极已经非常近了。但在1841年南半球夏季的剩余时间内，他们只能在船的甲板上满足自己对于探索的渴望。

　　英国人非但没有像美国人所认为的那样被吸入一个空心地球中，反而发现自己越想接近地磁南极便会离它越远。从南方袭来的风暴已经持续了好几天，加上一股同样来自南方的强劲的洋流，他们被赶回了原来的路。像小星星一样的雪花不但在甲板上形成了一层厚厚的积雪，而且阻挡了船员们的视线。海浪涌上甲板，在退去时却迅速冻结，让船上的一切（甲板、船桅和船身两侧）都覆盖了一层冰。一旦有人被海水打湿，他的衣服很快就会冻成一层坚硬的外壳。一根从海上拉起的绳子被两英尺厚的冰包裹着。大量的冰柱悬挂在索具上，有的像刀子一样锋利，有的像一串珠子或手链。"幽冥"号甲板上的船员一直非常警惕，他们需要时刻注意高空是否有冰落下。当他们看向海上的"惊恐"号时，他们仿佛在看镜子里的自己：从船头到船尾都是白霜，像一艘幽灵船一样，在冰冷的海浪中艰难前行。

随后，天气转晴，西边的山脉再次映入眼帘，与湛蓝的天空形成了鲜明的对比。船和海岸之间相隔 30 英里，中间是一片厚厚的冰原。午夜时分，夕阳划过地平线，让这片难以逾越的浮冰沐浴在诡异的红光中。胡克的拖网收获颇丰，捕获了各式各样的海绵、1 英尺长的海蜘蛛、蠕动的蠕虫以及黄瓜状的无脊椎动物。一种喜冰的软体动物裹着锁子甲一般的外壳，另一种软体动物用手指轻轻触碰之后就会发出明亮的翠绿色。罗斯每天都在记录两艘船的位置，接着把记录塞到瓶子里，然后扔进海里。如果有瓶子被偶然冲到了某个遥远的海岸上，那么它将揭示南半球洋流的运行方向。此外，如果"幽冥"号和"惊恐"号没能从冰川安全返回，这些记录也将证明他们创下的历史性的航行成就。

1 月 28 日上午，一个新的奇观出现了——一座南极火山。这座火山位于他们南行的航线上，带着火焰和蒸汽从在薄雾中渐渐清晰。所有人的眼睛都紧盯着火山山顶，他们看到一团黑烟喷涌而出，紧接着是一团火焰。高温融化了山顶的冰，而在山坡的更深处，融化的雪又重新冻结，形成了长长的蛇形冰池，看上去与熔岩流动无异。在明媚的阳光的照射下，它们像金属一样闪闪发光。在高处，巨大的黑色云团环绕在山顶周围，像溪流一样流向西面的山脉。云层之上，月亮像第二个太阳一样悬在蔚蓝的天上。

Victoria Barrier and Land. Lat. 78 deg. S. Mount Erebus (active Volcano), and Mount Terror.

图中山顶冒出烟雾的正是埃里伯斯火山，名字来源于詹姆斯·罗斯率领的传奇探险船"幽冥"号。

来源：约瑟夫·胡克，《南极之旅的植物学》（1847年）。皇家植物园图书馆，邱园。

英国探险队中没有诗人或画家，但船上的很多人都是虔诚的教徒。他们以近乎宗教的视角体验了极地火山的景象。漆黑的火山云中夹杂着火焰，而天空的蓝色比任何热带的蓝色都要纯净，二者之间形成了鲜明的对比。当太阳落下时，金色和红色的色调沿着云的边缘晕染，又增强了这种对比。他们还没有到达极点，但这个燃烧着的南方交界处，地球形成之初的所有元素（山、冰、海和天空，以及太阳和月亮）似乎融合在一个如教堂彩色玻璃一般的画面之中，以一种无法言说的方式触碰到了他们的内心深处。2年后，在里约，一名"幽冥"号的文盲水手委托一位朋友写下了他那天早上所看到的一切，颇像一份想象力丰富的圣约。南极洲的宏大令他记忆深刻，独立于浮冰屏障之中的冰封岛屿"非常广阔，甚至可以在其最高点放下整个伦敦"。到达地球的尽头后，詹姆斯·罗斯给这座火山以及其东侧尚不活跃的火山分别取了名字，而这两个名字便来自将他们带到这里的那两艘饱经风霜的船。

归根结底，詹姆斯·罗斯还是一名海军士兵，他诅咒"未知的南方大陆"阻碍了他进一步探索南极的航程。在南纬 78 度，距离人类曾经去过的地球最南端数百英里的地方，随着浮冰的扩张和冬天的到来，罗斯明白，自己的南极战役已经接近尾声。他平静地凝视着水面，伴随着不详的咔嚓声，水面上慢慢出现了冬季刚刚凝结的冰。很快，船体就被冰封在原地。在距离地磁南极不到一百英里的地方，指南针在徒劳地旋转。作为皇家海军上尉和人类文明的使者，罗斯在技术方面的优势正在消失，他们的处境也变得愈发危险。

但罗斯无法抗拒这最后的探险机会。当他驶向埃里伯斯火山和特罗尔火山的东面时，一个令人惊叹的新奇事物出现了：一个巨大的冰架，高 200 英尺，非常平坦，从东向西一直延伸到视野的极限。在"幽冥"号和"惊恐"号 4 年的航程中，长达数月的无聊时光已经司空见惯了。但在 1841 年 1 月，维多利亚时代的探险者们在 2 天内 2 次被南极无与伦比的自然美景深深震撼。詹姆斯·罗斯的足迹已经遍布全球大部分地区，而"老学究"约瑟夫·胡克已经看过了所有能够找到的自然历史插图。即便如此，两人都无法用地球上的任何东西来类比他们眼前的景象：一个临海的巨型冰川，平平整整，非常规则，表面没有任何裂痕或缝隙，而且似乎根本没有尽头。它仿佛是地球上一个巨大的塞子，拔掉便会放走所有的水。

罗斯不想用自己的名字来命名这一惊人的景观。对他来说，这就像南极洲的所有物理特征一样，是他进一步探索南极的阻碍。因此，他将这个冰架取名为"大冰障"。起初，船上的人对这个冰架的真实大小毫无概念。第一天晚上，他们沿着冰架向东航行，希望在午夜前探清它的大小。罗斯无时无刻不在期待着听到瞭望员看到南方开阔水域后发出的喊声。但他们航行得越远、越快，冰架就越像往常一样延伸到东方的地平线上。一堵真实意义上的冰墙就挡在他们面前，而这堵墙的高度是桅杆的 2 倍。在阳光的照射下，蓝色和绿色交织的海浪拍打着冰架的底部，附近挤满了企鹅的冰山也表明这里受到了冰川侵蚀的影响。但对"幽冥"号上的福音派基督徒来说，这道巨大的冰障似乎是不可改变的，就像上帝在地球诞生时所作的宣言一样，自那以后就一直没有改变——这是上帝亲口对他们的航行施加的限制。至于冰架之外会有什么，哪怕只是想象都是在亵渎神明。

在第 8 天早上，探险者们发现自己被困在一个小海湾里，这个海湾在中空的冰架内，三面都是炫目的冰墙。太阳偶然落在云层后面，光线变得柔和。尽管 1 个月前他们穿越了南极圈，在神秘的冰架周围绕了一圈，但对他们来说，这种冰川、大气和颜色的偶然混合完全是一种新奇的景象，仿佛这个无名的海湾，连同那奇异的光晕，一直是南极洲早已为他们设定好的目的地。值班军官低声下令让人去请船长。罗斯从甲板下面走上来，随后抬头张望，眨着眼睛，仿佛在适应陌生的环境。然后他停了下来，像其他人一样目瞪口呆。更多的人走上甲板，所有人都一声不响地站在甲板上，也没有任何人下达任何命令。时间渐渐流逝，他们的手脚都在掠过冰川的风中冻僵了。但他们仍然站在那里，尽情沐浴在极光之中。

第十三章　叶落归根

1840 年初，"星盘"号上的船员从阿德利地附近的迪穆兰群岛（Dumoulin Islands）绑架了一只企鹅。作为船员找乐子的对象，这只企鹅在甲板上度过了生命中的最后几个小时。船员给它起了一个粗俗的绰号，然后将其宰杀并填充成标本。在船长的船舱里，探险博物学家雅克·洪布伦（Jacques Hombron）和奥诺雷·杰奎诺（Honoré Jacquinot）对这只不寻常的极地鸟类，同时也是地球上最南端的动物做了记录。他们注意到，企鹅的羽毛尖上有蓝色的斑点，它的喙周围有一半长了白色的羽毛，这也掩盖了喙的真实长度（以及与其体型巨大的祖先之间的联系）。随后，迪蒙·迪尔维尔匆忙回国，于是，这只被填充的阿德利企鹅标本成为第一只穿越赤道的"企鹅"。回国后，迪尔维尔宣布了法国人在南极洲取得的胜利成果，同时开始推广他的科学收藏品。现在，他领先美国和英国的对手整整 2 年。

1840 年 11 月 7 日上午，"星盘"号和"信女"号停靠在土伦的港口。当地前来迎接的人并不多，因为船上的很多人都没能安全返航。第二年夏天，洪布伦在《自然科学年鉴》（*Annales des Sciences Naturelles*）上发表了他对阿德利企鹅的正式描述。1842年春天，探险队的珍宝在巴黎植物园（Jardin des Plantes）向受邀公众开放。当时共展出了 5000 多块岩石，包括来自阿德利海岸的花岗岩和片麻岩碎片。在动物方面，迪尔维尔的阿德利企鹅是这场展览中的明星，超过了儒艮、长鼻猴和花哨的热带鹦鹉。第一批看到阿德利企鹅的欧洲公众被它类人的样子迷住了（一半像孩子，一半像士兵），自此之后漫长的时间内，企鹅一直都是研究动物学的人最关注的动物。

除了那只阿德利企鹅，展览中还安排了来自不同纬度的生物头骨，以此显示气候在促进动物多样性方面的重要性。但是，在植物园里，波利尼西亚人的石膏头像（由探险队的颅相学家皮埃尔·迪穆蒂埃提供）挑战了阿德利企鹅的"明星"地位，成功吸引了巴黎人的注意。在早些时候的太平洋之旅中，迪尔维尔便已通过具有开创性的语言学研究，增进了文化差异下对不同人类种族的了解，而这些冷冰冰的头像，加上他们"独有"的凹痕，预示着这种了解将进一步加深。

迪尔维尔其实是相信颅相学的"科学性"的，这门科学能够揭示一个人的性格和智力，甚至他的命运，这一切都隐藏在头骨的凹凸之中。迪尔维尔是一名完成 3 次环球航行的航海家，对他来说，从解剖学特征中了解一个人似乎是一种常识，就像他判断一片新大陆的性质是通过研究其海岸一样。对于颅相学的拥护者来说，这门科学相当于在化石挖掘中研究人类学。就像居维叶男爵（Baron Cuvier）在巴黎盆地（Paris Basin）挖掘出的史前动物骨骼一样，人类头骨可以揭开那些影响深远的秘密。不过，如果研究对象还活着，并且能够为其获得各种信息付费，那就更好了。

在前往南极洲之前，迪尔维尔曾咨询过皮埃尔·迪穆蒂埃，虽然费用并不便宜，但其得出的结论是物有所值的。整整 15 分钟，这位颅相学专家将手指深深地按在迪尔维尔那不规则的灰色头发的发根处，以这种方式探查他的头皮。接着，他参考了桌子上的石膏头骨，同时做了笔记并查阅了相关图表。最后，他汇总了一张列表，上面精确地列举了所有迪尔维尔引以为豪的性格品质，包括他的智慧和勇气，他在逆境中的坚韧，还有他超过其他人的优越感。迪穆蒂埃甚至暗示，某种伟大的事业仍在等待迪尔维尔完成。迪尔维尔听后非常受用，而皮埃尔·迪穆蒂埃也正式成为南半球第一位，也是最后一位颅相学研究者。他在法国南极探险队时获得的著名藏品仍保存在巴黎自然历史博物馆。在那里，人们偶尔会从地下室把这些头像拿出来展示，同时对他们能够获得这些头像怀有理所应当的歉意。

即使在最后一次航行中最黑暗的日子（1839年末痢疾疫情暴发期间）里，迪尔维尔也没有忘记他对颅相学的承诺。他坐在桌子旁，重新起草自己的遗嘱，而就在他上方几英尺的地方，患病的船员呻吟着躺在简易床中，在"星盘"号甲板上排成一排。迪尔维尔要求将自己的尸体运入海中，但不能是完整的身体，他的心脏要被取出来并送给他的妻子，他的头要让迪穆蒂埃分离并保存下来，作为他送给颅相学的礼物。迪尔维尔在印度洋的危机中幸存下来，但事实证明，在不久之后这位指挥官真正面对死亡时，迪穆蒂埃扮演了重要的角色。

从南冰洋回国之后，刚刚获得晋升的迪尔维尔接到命令，要立即到王宫报到，路易·菲利普国王要召见他。事实上，这位老探险家花了2个月的时间才遵循了这一命令。后来，一位老朋友来到迪尔维尔在土伦的花园别墅，眼前的情景让他震惊不已。曾经像熊一样雄壮、不可一世的迪尔维尔上将现在成了"一个幽灵，一具破旧的尸体"。第三次南下航行让他身心俱疲。阿德利的状态似乎稍好一点。她本是一个活泼的年轻女性，但孩子的死亡让她心如死灰，甚至连连期待已久的丈夫终于回国也无法改变这一点。有迹象表明，阿德利已经鸦片成瘾。她后来才到巴黎和迪尔维尔见面，当时，迪尔维尔刚刚按照约定，去见了国王、学会会员和他期待的出版商。在卢森堡花园附近的公寓里，夫妇二人睡在不同的房间里。迪尔维尔患有慢性头痛，阿德利则长期腹部不适。与他们有交集的医生中最亲密的莫过于皮埃尔·迪穆蒂埃，他已成为夫妇二人的密友。

迪尔维尔最终还是亲眼在巴黎书商的橱窗里看到了他的航海史第二卷。其中包括一张"星盘"号和"信女"号第一次探索南极时所画的详尽地图，还附有他自己扣人心弦的描述，讲述了他们如何在 1838 年夏天从南极半岛东部的冰原中死里逃生的故事。作为一个醉心于工作的人，他完全沉浸在下一卷的写作中，只有在 1842 年 5 月 8 日，为了给国王祝寿，他、阿德利以及他们唯一还活着的儿子朱尔斯在凡尔赛宫度过了一天。

当天下午晚些时候，在欣赏完壮观的喷泉表演之后，一大群人为了返回巴黎争先恐后地登上了新开设的列车。于是，17 列车厢共搭载了 1000 多名乘客，而迪尔维尔一家坐在了靠近车头的有顶棚的车厢。当这趟人满为患的火车离开车站时，有人看到第一节车厢突然在铁轨上倾斜。在去往巴黎的途中，车轴断了，前面的车厢撞到了路堤上。在人群的尖叫声和金属的摩擦声中，后面一连 6 节车厢也一块偏离轨道。一阵可怕的寂静之后，引擎里的煤起火了，列车残骸随即被大火吞没。早期的火车会将乘客锁在车厢里，因此一旦发生事故，乘客根本没有逃生的机会。围观的人们非常绝望，在事故现场，那些无助的呼喊持续了整整 15 分钟（时间仿佛停滞一般）才消失。有一些同行的乘客认出了迪尔维尔，人们最后一次看到他时，他正用袖子捂着嘴，大声呼喊，希望有人能救救他的妻子和儿子。

在 5 月 8 日的这场火车事故中，有超过 200 名乘客丧生，这是当时欧洲最严重的一次事故。人们将那些已经炭化的尸体沿着扭曲的铁轨排好，同时叫来了皮埃尔·迪穆蒂埃。就像南极海滩上的化石猎人一样，这位颅相学专家在大量遗骸中寻找着他的指挥官。他根据一个吊坠和一条项链认出了阿德利，并把她心爱的儿子朱尔斯放在她身边。然后，迪穆蒂埃弯下腰，从仍在冒烟的废墟中捡起了一个烧焦的头骨。在考虑了头骨的尺寸之后，他假装对头骨上的凹痕做了检查，随即宣布这是迪尔维尔的头骨。

丈夫、妻子和儿子一起被葬在了蒙帕纳斯（Montparnasse）。由政府出资建造的纪念碑记录了这位探险家的伟大壮举。迪尔维尔的高光时刻莫过于在阿德利地插上了法国国旗，但其死亡中那种真真切切的讽刺意味只能留给后人去品味了。法国最伟大的航海家迪蒙·迪尔维尔，曾勇敢地穿越冰封的南极，并带领被冰困住的船只凯旋，但有一天，他却与其他乘客一起被困在了一列燃烧的市郊往返火车上，最终在巴黎郊外不幸遇难。

查尔斯·威尔克斯的回国与其说是一种悲剧，不如说是一种耻辱。美国国内对这场伟大的航行宣传甚少，关注的焦点却集中在指挥官和他的军官之间的宿怨上。美国舰队雄心勃勃的中尉们非但没有庆祝他们在南极东部海岸完成的长达 1500 英里的历史性航行，反而将自己的视线转移到了对这位指挥官的仇恨上。在他们心中，这位指挥官的航海技术一塌糊涂，气量狭小又时有恶行，这一切毁了他们获得荣誉的机会。在数千海里的航行中，他们的积怨掩盖了这趟旅程中的成就。

来自罗德岛的约瑟夫·安德伍德中尉（Joseph Underwood）是一位受过教育、技术娴熟、勇敢无畏的年轻军官，对于一贯偏执的威尔克斯来说，安德伍德具备了所有能够引起他愤怒的品质。在整个太平洋的航行中，他一直对这位中尉不依不饶。在 1840 年 1 月的最后一周，当他们沿着南极海岸航行时，长时间的积怨演变成了一场恶性的公开冲突。"温森斯"号绕过浮冰带，来到了一个20英里宽的海湾，海湾里到处都是浮冰。威尔克斯在巨大的平顶冰山中向南探索了几个小时才彻底死心。安德伍德是当时的值班军官，他痛苦地意识到，在极地一战成名的机会正在悄悄溜走。但他没有选择与威尔克斯发生正面冲突，而是退而求其次。他拿起一支粉笔，在甲板上的公共日志中写道："已经发现一个向南的入口。"第二天早上，威尔克斯看到了这句话，当即火冒三丈。他调转船头，花了整整一天的时间原路返回，只为证明安德伍德是错的。等再次回到入口的时候，"背信弃义"的浮冰站在了威尔克斯这边：它发生了变化，已经看不到向南的通道了。

1840年夏天，在失望湾，"温森斯"号上发生了这次影响士气的争执。在查尔斯·威尔克斯完成远征后的军事法庭上，如果安德伍德还活着的话，这一幕肯定会再次上演。美国舰队在风暴中幸存了下来，同时也宣告南极探险任务终于结束。几个月后，这位中尉在玛洛洛（Malolo）①的海滩上被斐济人用棍棒活活打死。就像难以重现船长和军官之间的争吵一样，历史学家也无法就失望湾的确切位置达成一致。没有任何灰尘的刺眼强光和地平线上扭曲的海市蜃楼让威尔克斯的判断出现了问题，他所处的位置与南极海岸的距离比他想象的要远整整一个纬度——在探险结束后，他为这个失误付出了巨大的代价。

1841年夏季末，"幽冥"号和"惊恐"号完成了创造历史的南极探险，开始向北踏上返程之旅。尽管詹姆斯·罗斯已经建立了自己的功绩，包括创纪录的向南航行历程，但他仍然在南纬

---

① 斐济的一个岛。——译者注

70 度附近向西迁回，对美国对手的结论进行评估。他的办公桌上放着一份《悉尼先驱报》(Sydney Herald) 的剪报，其中的新闻颇有些嘲讽意味：查尔斯·威尔克斯宣布他为美国"发现了南极大陆"。在这次不必要的航行中，忧郁的罗斯只是为了证实一件他最害怕的事情——在南极探险的成果方面，他是否已经一败涂地。

3 月 4 日上午，"幽冥"号航行到一个看似是海湾的地方，四周冰川环绕。就在这时，本来柔和的风突然加大，船体也因此倾斜，每一次剧烈的颠簸都会让船首的斜桅猛烈地砸在冰面上。在西方，一条冰封的海岸线渐渐浮现（可能是岛屿），但很快就消失在了大雪之中。在航行途中，风暴将"惊恐"号的几片船帆撕成了碎片，罗斯不得不下令对船进行维修。

这次延误让罗斯有机会再次查阅他所拥有的一张无与伦比的地图。根据这张地图的标识，海岸线从西南方向开始，延伸 60 余英里，一直到"幽冥"号所在位置的附近地区——一个危险的背风岸。这张地图是查尔斯·威尔克斯在前一年 4 月从新西兰寄给他的，随附的一封信还庆祝了美国在南极洲东部取得的成功。尽管这位美国指挥官曾接到命令，严禁宣扬自己的成果，然而，威尔克斯沉浸在胜利的喜悦中，忍不住以私人信件的方式向罗斯传递了这一信息。他告诉罗斯，从本质上说，这场竞赛已经结束了。虽然罗斯因威尔克斯的幸灾乐祸而愤怒不已，但他只能默默承受。这张地图是一种侮辱，但罗斯不能公开表达自己的不满，因为它是以英美两国的友谊之名、以海军之间的相互协助为由提供给他的。

然而，对于詹姆斯·罗斯来说，由于一场风暴来袭，他被困在一个陌生的海湾中，而威尔克斯的地图恰恰是一根可能的救命稻草。在那个短暂的夜晚，他尽可能多地向前航行，试图逃离目前的困境，哪怕只是为了躲避不断出现的冰山。"幽冥"号在纷纷扬扬的大雪中只能被迫驶向威尔克斯地图上所标示的海岸。在漆黑的天空下，伴随着企鹅的叫声，船上的每个人都坚信有陆地存在。当风在他们耳边呼啸时，他们全神贯注地倾听着海浪撞击岩石发出的骇人声音，以及船体在看不见的浅滩上搁浅时发出的声音。英国水手紧张万分，纷纷祈祷自己能够活下来，他们只能等待第一道曙光来照亮自己所处的困境。

想象一下，当太阳慵懒地升起，眼前出现的是一片纯净的开阔海洋时，"幽冥"号上的人会是怎样的感受。罗斯下令进行水深测量。不过，值班员摇了摇头，表示海底并没有超过 600 英寻①深。他急急忙忙地来到自己的船舱，心情复杂——逐渐由困惑不解转向兴高采烈。幸福的真相很快就浮出水面："幽冥"号和"惊恐"号在想象的危险中度过了一夜，在一个不存在的危险海岸航行。现在，在蓝天之下，他们在威尔克斯标注的"山脉"处欢快地航行。他们按照威尔克斯的海图航行，结果在当天和第二天都在绕圈子，而美国人标注的南极大陆却不见踪影。罗斯注视着查尔斯·威尔克斯的地图，他感到的不是恐惧和厌恶，而是一种感激。凭借这张拙劣的地图，威尔克斯给了他一件足以让人丧命的武器，同时也给了他为自己和英国夺取荣耀的机会。

回到澳大利亚后，罗斯向海军部报告了威尔克斯错误地描绘了南极海岸线的事，并在《悉尼先驱报》上发表了一篇言辞尖刻的文章。回到新西兰的群岛湾（Bay of Islands），他遇到了一位威尔克斯的朋友——奥立克船长（Aulick）。他们一起在"幽冥"

---

① 1 英寻约等于 1.83 米。——译者注

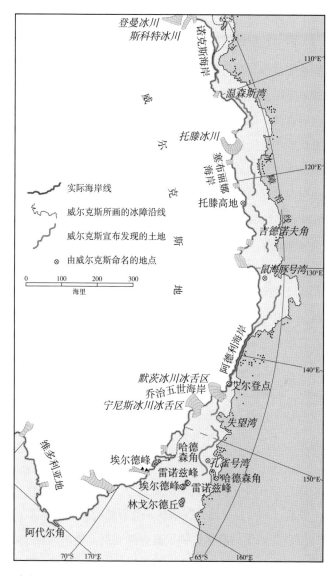

查尔斯·威尔克斯曾在 1840 年将一张恶名远播的海图寄给了詹姆斯·罗斯，这张地图展示了那张海图与实际海岸线之间的差异。在世界范围内，威尔克斯标注错误的原因，以及这些错误在多大程度上削弱了他在南极洲的成就，仍然是一个极具争议的问题。

号上待了一整个晚上，将威尔克斯的地图与罗斯的地图进行了细致比较。两人都震惊于威尔克斯竟然画出了不存在的海岸线。也许罗斯希望这位与自己惺惺相惜的人能够介入，去说服他的美国同胞威尔克斯悄悄撤回关于发现南极大陆的言论。奥立克是一位美国政府官员，他认为美国探险队的指挥权理应属于他们，因此并不喜欢威尔克斯这位来自纽约的中尉，尤其是他还是一位自命不凡的新贵。这位心怀不满的美国人带着他与罗斯会面的故事，以及他对威尔克斯错误地标注地图的直观感受，来到了桑威奇群岛（Sandwich Islands）和火奴鲁鲁（Honolulu），当地的新闻记者自然不会放过这一丑闻。

关于威尔克斯地图的争端持续了整整1个世纪，一场跨大西洋的纸上战争以前所未有的程度进行着。在这场南极竞赛的争议性结果中，威尔克斯将自己被送上军事法庭一事归咎于罗斯，并在报纸上对他进行了攻击。一代人之后，作为一种报复方式，维多利亚时代的极地历史学家克莱门特·马克姆（Clement Markham）逐步将威尔克斯的名字从所有南极地图上删除。1904年，罗伯特·斯科特像几十年前的"幽冥"号那样，让"发现"号直接航行在所谓的威尔克斯地上，似乎在用这种方式为罗斯辩护。

但围绕查尔斯·威尔克斯的争论不会结束。1914年，道格拉斯·莫森（第一位登陆并探索威尔克斯地海岸的探险家）的发现为这位备受诟病的前辈提供了有力的支持。美国人在1840年绘制的地图中，有一些特征是准确无误的，有一些特征则不然。"温森斯"号上的航海家们被明亮、无尘的空气误导了，陆地实际上比他们看到的要更远——莫森自己也在这里犯了同样的错误。抛开纬度上的误差不谈，威尔克斯至少基本证明了南极洲的确是一块大陆。

对于美国新一代充满信心的历史学家来说，这就是他们要承担的一切——他们要为这个陷入困境的国家而奋斗。威尔克斯1842年回国时的屈辱处境使美国探险队从公众的视野中彻底消失，就连他的讣告都没有提到他是"南极洲的发现者"。因此，他们翻出了19世纪40年代的德国旧地图（唯一认可威尔克斯海图的地图），并为第一次南极探索进行了艰苦的游说。这一结果反映了自维多利亚时代以来权力平衡发生的变化：英国人承认了自己的失败，法国人紧紧抓住了一小块领土（"阿德利地"被降级为"阿德利海岸"），而美国人则占据了最大的"份额"。美国探险远征队对东经100度至东经142度之间1500英里的海岸线进行了勘测，在现代地图上，"威尔克斯地"是对他们功绩的认可。对于1840年"谁对谁做了什么"及其后来的影响给大西洋两岸造成的芥蒂，只有艾尔登点（Point Alden）以东的地区还残存着挥之不去的痕迹（威尔克斯在这里标注了山脉，而罗斯却在这里自由航行）。一位英国国王掌控着地表上的土地（乔治五世地），而查尔斯·威尔克斯则依靠并不稳定的威尔克斯冰下盆地（Wilkes Basin），将自己的名字顺理成章地留在了下方的冰川中。

1840年，美国总统马丁·范布伦（Martin Van Buren）在国情咨文中宣布，美国人发现了南极洲，当时，查尔斯·威尔克斯还被奉为英雄。但到1842年6月"温森斯"号在纽约港停靠时（最后一次伟大的环球航行探险宣告结束），整个国家都已经知晓他与詹姆斯·罗斯就这张声名狼藉的地图发生的争执。后来，让威尔克斯的公众形象进一步恶化的是，他手下的军官将他告上法庭，指控他根本没有发现南极洲。为了欺骗法国人，他篡改了"孔雀"号的日志，这也让美国为此蒙羞。尽管威尔克斯在余生中一直在怒斥这一指控，但他本人的声誉以及整个美国探险远征队的声誉再未恢复。

威尔克斯回国后并没有受到英雄般的礼遇，而是在被告席上度过了屈辱的岁月，听他的军官发泄了 4 年的怨气。在一个面目狰狞的海军上将专家组和一个期待报道大新闻的记者团前，这位美国指挥官被指控的罪名包括滥用鞭刑、谋杀斐济当地人、谎称上尉军衔以及各种污言秽语——此外，自然还包括在南极洲的问题上撒了谎。在长达 2 周的审讯中，人性中最恶劣的一面通过语言和行为被展现得淋漓尽致，对此，威尔克斯只能在自己的坐席上用简短的几句话加以斥责，仅此而已。

有些人认为威尔克斯不应受到如此对待，赫尔曼·麦尔维尔（Herman Melville）就是其中之一，他甚至认为值得以威尔克斯为原型写一部小说。这两人的父亲都是纽约著名的商人，都在类似的社交圈子里活动。两人都是久在南太平洋航行的老兵，麦尔维尔曾将威尔克斯的《美国探险叙述》（*Narrative of the United States Exploring Expedition*，1845 年出版）[1]中的多个段落引用到自己的太平洋航海小说《泰比》（*Typee*）中。因此，威尔克斯的《美国探险叙述》在麦尔维尔的图书（和想象力）中占据了重要的位置，而他写《白鲸》时，书名的灵感来自另一本与美国前总统相关的出版物，《莫查·迪克》（*MochaDick*），也叫《太平洋白鲸》（*the White Whale of the Pacific*），作者正是美国南极事业的最初推动者、查尔斯·威尔克斯的宿敌耶利米·雷诺兹。除此之外，文学层面固然有一些佐证，但 1842 年纽约报纸上关于威尔克斯受审的耸人听闻的故事，以及威尔克斯本人在《美国探险叙

---

[1]　一部多卷本丛书。——译者注

述》中写下的意图报复的偏执文章，为麦尔维尔提供了一个令人信服的案例研究，从而使他了解了这位反复无常的指挥官——一个真实的亚哈船长。

"风暴海燕"的死敌名单很长，直到他生命的最后，他还在不停地在上面添加更多的名字。在臭名昭著的"特伦特事件"（Trent Affair）[1] 中，威尔克斯差点让英国站在南方邦联一方卷入美国内战。之后，战争部长吉迪恩·威尔斯（Gideon Welles）再次对他进行了军事审判，这一次他的罪名是违抗命令，违反对外港口的中立性以谋取私利。威尔克斯后来被美国总统林肯赦免。被解职后，威尔克斯用他人生中最后几年的时间在一本未出版的回忆录中翻了旧账，草草写下了总计数百页的愤怒的文字——这是维多利亚时代一位伟大的厌世者才能写就的遗书。

至于"幽冥"号上詹姆斯·罗斯船舱里的一排排标本罐（里面装满了足够新奇的海洋生物，足以彻底改变维多利亚时代的科学界），其中的东西却从未公开。当罗斯于1862年去世时，海军部派约瑟夫·胡克（当时英国科学机构的顶梁柱，注定是最后一位曾在"幽冥"号上待过的人）前往白金汉郡（Buckinghamshire）罗斯的家中取回一些藏品，他们坚称这些东西属于海军部。

胡克搭乘一条新的火车线路从邱镇来到阿斯顿阿伯茨（Aston Abbots），来到了罗斯的家。从客厅窗户可以俯瞰一个小湖，湖中有罗斯命名为"幽冥"号和"惊恐"号的小型双子岛。来到房子的后面，在菜园之后，胡克发现了一堆脏兮兮的破罐

---

[1]　在南北战争中，威尔克斯曾从英国船只"特伦特"号上截获两名南方邦联的外交官员，此事差点引起英美之间的战争。——译者注

子，这是 20 年前他和罗斯在南极探险中努力收集的东西。这时，胡克对他的船长产生了一股怨恨，因为船长利用了他的劳动，还剥夺了他从未行使过的获得科学界认可的权利。在科学方面，这种损失是非常巨大的。

然而，随着时间的推移，胡克没有那么愤怒了，取而代之的是对老船长的同情。在他们回来后，詹姆斯·罗斯起初一切顺利。他不再航海，与心爱的安妮结婚，还有了 4 个可爱的孩子。据说，他们是一对幸福美满的夫妇。但在阿斯顿阿伯茨之外的世界，罗斯就没有那么幸运了。他的两卷本南极探险回忆录的销量并不好。他没有那种能让人眼前一亮的写作天赋，回忆录发行之际，他的朋友约翰·富兰克林前往北极，进行了一次成果颇丰的探险之旅，最终发现了一条经由西北航道前往中国的航线。此行中，富兰克林不但率领着"幽冥"号和"惊恐"号，还有很多朋友和他一起，包括罗斯在南极的副手弗朗西斯·克罗泽。

然后，富兰克林和他的船队莫名其妙地消失了。此后漫长的 12 年中，搜寻工作从未停止。罗斯违背了他对安妮的承诺，两次离开阿斯顿阿伯茨，只为去到北极寻找他的朋友和他的船，但两次都以失败告终。正是在罗斯的建议下，海军部将搜索方向设定在了北方，而事实证明，富兰克林探险队在南行回家的途中遭遇了灾难。富兰克林早早离世，克罗泽被迫放弃了那两艘船，只能带领人数越来越少的幸存者穿越冰川，而他们也注定在劫难逃。

正当罗斯因富兰克林事件感到焦虑时，安妮生病去世了。罗斯没有从这次的打击中恢复过来。为了孩子们，他本想假装没事，但他实在是悲痛欲绝。于是，他开始借酒浇愁，随后孤独地死去。整个国家都在关注约翰·富兰克林事件，罗斯去世的消息并未引起什么波澜。按照惯例，富兰克林被尊为伟大的极地烈士，但罗斯、帕里等第一代北极探险家都被忽略了。当罗斯的朋友向政府请愿为这位南极大陆和地磁北极的发现者建立一座公共纪念碑时，政府拒绝了他们的请求。任何人都不能折损约翰·富兰克林爵士的荣光，哪怕这位身材矮小的失败者带领 128 名士兵走向了死亡。

"幽冥"号和"惊恐"号的失踪之谜持续了一个半世纪。然后，在 2014 年和 2016 年的夏天，搜索团队奇迹般地先后发现了它们的踪影。两艘船相隔 60 英里，完好无损地停在加拿大境内北极的沙地上。在詹姆斯·罗斯的指挥下，两艘传奇船舰在世界另一端的伟大发现为人所铭记，但其最后的旅程却将永远是一个谜。

当"幽冥"号和"惊恐"号停靠在霍巴特港时，那是它们在维多利亚时代的高光时刻，也许那个时候最值得人们怀念。1841 年的一个难忘的夜晚，两艘船被拴在一起，灯笼和鲜花装饰了两艘船的船身，船员们将甲板清理出来，将其变成了一个巨大的露天舞厅。富兰克林州长和他的夫人正在举办一场盛大的派对，庆祝罗斯上尉和他的手下从南极探险中凯旋，他们终于为英国和全人类解开了"未知的南极大陆"之谜。在那天晚上，结局悲惨的"幽冥"号的最后 3 名船长詹姆斯·罗斯、约翰·富兰克林和弗朗西斯·克罗泽（还有约瑟夫·胡克和简·富兰克林夫人）在甲板上欢快地跳着华尔兹。他们不知道的是，那是他们最后一次齐聚在这艘船的甲板上。

尾声 最后的冰川

第一次探索南极的竞赛让三个国家取得了不同的战果。法国人第一个看到了南极洲并成功登陆；美国人则绘制了最大的海岸线地图，同时确定了南极大陆的大小；英国人是最后一个到达南极的，但他们走得最远，见得最多。詹姆斯·罗斯在1841年完成了非凡的航行，为后来英雄时代的极地探险家开辟了道路。而在后来的这个时代，包括罗斯、威尔克斯和迪尔维尔在内的航海家都显得黯然失色。

然而，维多利亚时代的探险家留下的最宝贵的财富不在于为某个国家赢得了荣誉，而在于他们对科学探索的共同承诺。他们是第一批真正认识到第七大陆的冰冷壮丽的人类，他们的惊奇和恐惧等各种情绪也映射了我们越发关注来自南极的生存威胁。他们光是在冰川海洋中为了生存就已经拼尽全力（他们的装备相对于他们的处境简直可以说是在送死），但他们仍顽强地对遇到的一切进行绘制、记录、描摹和采样，尽管他们对眼前的这些东西根本无法理解。近两个世纪后，南极数据采集本身已经形成一个帝国，一个广阔的领域。虽然维多利亚时代的人们无论是登陆南极和还是宣称主权都受到阻碍，最后不得不满怀敬畏地从冰封大陆撤离，但在将南极作为研究对象方面，他们是真正的开拓者。

同样，维多利亚时代的探险者将自己的名字留在了一系列地名中，在我们这个痴迷于极地的时代，这些地名也变得越发熟悉，比如南极洲西部壮丽的罗斯海和罗斯冰架，威尔克斯地及东部的威尔克斯盆地。遗憾的是，只有一个法国研究站、南极半岛附近微不足道的一座岛屿和一座山峰，以及某些地图上的一小片海洋以迪蒙·迪尔维尔的名字命名。不过，一直受苦受累的阿德利·迪尔维尔还有以她名字命名的企鹅，尽管这种企鹅现在受到南极栖息地环境恶化的威胁，但人们已经证实，它在气候变化中幸存了下来，也许它会比人类存活更长的时间。

19世纪40年代及其之后，英美之间围绕南极洲东部海岸线的确切位置产生了巨大的争议，在现在这个两极冰川快速融化的时代，这似乎已经是一种奢侈了。但对维多利亚时代的探险者来说，土地是探险的主要"通货"。作为农业国家的使者，冰是他们真正目标的"障碍"。当罗斯、迪尔维尔和威尔克斯凝视着这片神秘的大陆时，他们渴望在周围广阔的白色地带中找到土地和陆地，希望找到符合他们认知的生态环境。按照这些标准，查尔斯·威尔克斯将冰架误认为是山区海岸。但现在一切都变了。维多利亚探险者的后辈科学家们大多不会关注陆地，除了那些能作为支撑性基础设施的数万亿吨的冰，因为南极洲冰川的主要属性是冰，而不是冰川下的土地，正是前者将决定人类社会在未来几个世纪中的生活方式。

2010年，综合海洋钻探计划（Integrated Ocean Drilling Program，IODP）的第318航段正式开始，人们能够借此进一步了解东南极冰盖自3400万年前首次冰川作用以来的消长变化。特别是在过去的中新世和上新世晚期，当地球温度上升到21世纪的水平时，冰盖在全球变暖的环境下是如何变化的。考虑到东南极洲的陆地海拔变高（那里是地球上山峰最多的地区），因此人们普遍认为，它的巨大冰盖不会受到人为活动造成的全球变暖的影响。但是，倘若东南极的冰盖全部融化，海平面将上升200英尺。

因此，当综合海洋钻探计划的"格洛玛·挑战者"号从新西兰惠灵顿港启航时，船上还多了两名乘客：一名极地气象学家和一名具有资深南冰洋探险经验的冰川观察员。在长达两个月的航行中，"格洛玛·挑战者"号穿越了180年前由迪尔维尔、威尔克斯和罗斯首次标注在地图上的海域。在这片波涛汹涌的大海上，两人一直忙碌着，他们的目标是尚未探索的大陆边缘，一个黑暗的海底世界，那里海脊、海槽纵横，地峡横跨其上，海底有一个向上的斜坡，向陆地延伸，并且在超出人们可以触及的地方，这个斜坡还向冰架那看不见的底部延伸。与渴望土地的维多利亚时代的人不同，对综合海洋钻探计划的科学家来说，至关重要的东西位于海底之下，在那记录冰盖波动的海洋化石中。这个海底宝藏的重要性毋庸置疑，挑战在于如何在世界上最恶劣的条件下将它取回。

这艘海洋研究船的第一个目的地是乔治五世海岸，走到半路时，研究船便遇到了一股低压大漩涡，风速达到了60节，卷起了40英尺高的海浪。3天后，风暴渐渐平息，这时，研究人员终于看到了在浪尖中前行的企鹅，成群的冰山也映入眼帘。第318航段作业计划设定了7个钻探地，但在距离第一个钻探地还有20英里的时候，浮冰挡住了去路，因此，他们转而选择了西北方向的另一个钻探地。1355号钻探地确实没有冰，但是科学家们却被技术问题困扰着，而且，岩芯中大都是粗砂和砾石。在第二个钻探地，他们向下钻了半英里，已经触及始新世 – 渐新世过渡期的岩层，然而，一场迎面而来的风暴迫使他们放弃了这个地点。

由于北方没有合适的钻探地，"挑战者"号别无选择，只能转向南方，冒险穿越浮冰带。在接下来的5周里，在5个不同的地点，钻探队避开了冰山和鲸鱼，穿越了浮冰的围追堵截，熬过了接近飓风强度的大风，忍受了零下 20 度的严寒，甲板和设备都结了一层冰。甚至有一次，一座致命的冰山直接漂到他们的钻孔上方，他们差点来不及撤离。但一切付出都是值得的。当这些来之不易的岩芯以一种玲珑而宏大的姿态摆在霍巴特码头时，密封在其中的是从远古时代发出的重要信息：一个从温室到冰室，延续 5000 万年的南极冰川的故事。

2010 年遭受风暴袭击的第 318 航段任务之后，大量突破性的科研论文应运而生，内容涉及南冰洋古代气候、冰川融化、海平面上升以及南极陆地和冰川之间不断变化的关系。查尔斯·威尔克斯如果活到现在，他必然会在一个重要的事实上感到一丝安慰：他那张于 1840 年绘制的东南极海岸的不准确地图，或者说当时的任何地图，都只不过是对南极大陆的快照，随着时间的推移，更大程度的动态变化会使整个大陆受到构造板块、深海洋流，以及地球绕日轨道（在各种行星力量中需要首先加以考量的因素）的影响。在第 318 航段的伟大数据中，我们发现了一个与当前环境相关的明确信号，并由此在气候变化词典中出现了一个不祥的全新流行语："海洋冰盖的不稳定性"（marine ice sheet instability）。

为了与我们当前的全球变暖时代进行类比，第 318 航段科学家将目光投向 3400 万年前让整个地球降温的始新世 – 渐新世过渡期之外，开始关注最近的两个温暖时期：中新世中期（1700 万 ~1300 万年前）和上新世中期（500 万 ~300 万年前）。在这两次全球变暖的过程中，大气碳含量在百万分之 400 到百万分之 600 之间，相当于目前的水平以及我们预测的 2100 年的大气碳含量。在中新世中期，南极东部海岸线与始新世初期的热带景象完全不同。在过去的 2000 万年里，这里的内河像现在的挪威或格陵兰岛一样，已经扩展成雄伟的峡湾，将季节性形成的冰输送到冷却的海洋中。这种平静的节奏有时会被人类历史上前所未有的溃坝凌汛打断。然后，随着气温进一步下降，这片土地完全被冰川覆盖。在第318航段中，需要科学家解决的紧迫问题是，过去碳水平的升高如何影响了南极洲东部的大冰盖？它们是像某些模型所坚称的那样永远不会融化，还是遭到了灾难性的破坏？一个不稳定的威尔克斯地是否会再次出现大量的冰川融化，从而淹没海洋，继而重新划定世界的海岸线？

人们的注意力尤其集中在所谓的东南极洲的阿喀琉斯之踵[①]上——一个位于威尔克斯冰下盆地前的冰川海岸，约瑟夫·安德伍德中尉在1840年夏天非常渴望探索这里。威尔克斯冰下盆地是一个1英里深的巨大地壳凹陷处，从横贯南极山脉的腹地一直到乔治五世海岸，在那里，它向宁尼斯冰川和默茨冰川的冰舌区附近延伸了整整400英里。尽管东南极洲的大部分冰盖静静地覆盖在高山山脉或高原上（这是一个坚不可摧的冰上王国），但威尔克斯冰下盆地的冰川却远远低于海平面，并且高度可达半英里。

这样一来，这片海岸的冰川就像西南极洲海拔较低的冰川一样，容易受到海洋温度和环流变化的影响。但这些冰川有多容易受到影响？又是在什么时间范围内会受到影响？仅威尔克斯冰

---

① 比喻唯一的弱点或脆弱之处，源自希腊神话。海洋女神忒提斯和凡人帕琉斯相爱后生下了阿喀琉斯，有预言称，阿喀琉斯会在特洛伊战争中阵亡，因此忒提斯抓着年幼的阿喀琉斯的脚踝将其浸入冥河，使其刀枪不入，但河水湍急，忒提斯不敢松手，因此那个脚踝成为阿喀琉斯唯一的弱点。特洛伊战争中，帕里斯在太阳神阿波罗的指引下射中阿喀琉斯的脚踝，预言因而应验。——译者注

下盆地就含有大量的冰，倘若这部分冰融化，足以使全球海平面上升 30 英尺，淹没世界上最大的沿海城市，同时迫使数百万难民涌入海拔更高的地区。在上新世气候最佳的时期（当时大气中的二氧化碳水平最终达到了人们预测的 2100 年的水平），海平面比今天高了 70 英尺，这意味着东南极洲的冰盖大量消融。

在伦敦大学的实验室里，第 318 航段的科学家凯莉丝·库克（Carys Cook）格外仔细地观察了一个取自威尔克斯地阿德利海岸的海洋岩芯。1361 号钻探地的岩芯总长 250 英尺，完整揭示了上新世的地质气候历史，而上新世是 500 万年前开始的间歇性温暖期。库克的发现与《圣经》中法老的梦①相似，肥美的牛身后跟随着瘦弱的牛，分别意味着丰收和贫穷。在第 1361 号钻探地的岩芯中，库克发现了 8 个富含硅藻的海底黏土层，中间散布着 8 个缺少硅藻的黏土层。富含硅藻的部分代表了威尔克斯地海岸的冰川衰退时期，当时的南极海岸气候温暖，生物丰富。相反，缺少硅藻的部分标志着气温重归寒冷。

凯莉丝·库克在代表温暖气候的岩芯剖面中仔细观察，随即发现了可追溯到东南极洲地壳在侏罗纪时期起源时的火成岩微小颗粒。这些颗粒与周围的沉积物毫无关联，只可能是一种外来物。从这一点上讲，库克的推理链条很简单，并且无可辩驳。最近的火成岩位于数百英里外的维多利亚地，威尔克斯冰下盆地的地下深处，这些岩石碎粒被侵蚀的唯一方式只可能是在冰川边缘遭到了无情的研磨。因此，在上新世期间，威尔克斯陆地冰

---

① 法老做了一个使他十分不安的梦：他看见 7 头漂亮、健康的奶牛从尼罗河中爬出来，身后有 7 头丑陋的奶牛浮出水面，十分干枯、瘦弱，身上的骨头都能数得清。突然，高瘦的奶牛猛然扑向肥美的奶牛，并将它们吃掉了。——译者注

川（目前只是沿着海岸分布线，或像舌头一样伸入海洋）的边缘已经从其历史上的最远位置后退了数百英里，之后又延伸，又后退，形成了一个冰川过度增长 – 消退的壮观循环。如宁尼斯冰川和默茨冰川一样，威尔克斯岛的海上冰川非常不稳定。曾经有一段时间，地球上的气候与我们现在类似。那时，在内陆数百英里的地方都难以见到冰川的踪影。

为了进一步获得支持这一惊人结论的重要证据，库克将注意力转向了早期综合海洋钻探计划考察的结果（即第 188 航段），这一次的考察结果暗示了一个事实，那就是在威尔克斯地以西1000 英里的普里兹湾（Prydz Bay），发生了大规模的上新世冰川漂流事件。在普里兹湾的海底，冲刷的痕迹有半英里深，这也记录了冰山从大规模的冰盖解体中释放而出后，从这里经过的印记。普里兹湾的冰筏碎片可能来自威尔克斯冰下盆地，在上新世气温升高时，威尔克斯冰下盆地上的冰川像一块不需要的毯子一样被掀开。一支"冰山舰队"以比我们现在的间冰期快 9 倍的速度沉入海洋，其中包括 1500 英尺厚的冰山，这让现在的冰山相形见绌。库克总结道，在普里兹湾发现的"大规模冰山产生事件"是威尔克斯地冰川时代的自然结果，即使是不那么剧烈的温度变化也会对其产生影响。

根据第 318 航段钻取的岩芯，南极东部海面温度的临界点为3 摄氏度。如今，威尔克斯地大陆架的冰冻水域继续受到下行风和深海处强大寒流的保护。然而，环极洋流正在变暖，很快就会越过冰川的边缘，让冰川开始不可逆转的自我毁灭过程。在 450万年前的上新世气候最佳时期，在南冰洋占据主导的西风向南移动，导致含氧水体沿着南极东部边缘向南移动，开始侵蚀冰架。还有研究表明，在环极海域温度为 3 摄氏度的情况下，南极冰盖就会很容易受到地球轨道驱动因素的影响（这也反映了北半球冰河时期的出现频率），也容易受到大气二氧化碳含量和平均温度小幅度持续增加的影响——那是一个与我们一样的世界，只不过当时的海平面比我们现在高 80 英尺。简而言之，整个世界正一往无前地回到上新世的气候状态，而我们正在为人类的未来开辟一条新的道路。

2014 年发表在《自然》杂志上的一篇论文将威尔克斯地冰盖的不稳定性的影响缩小到了最可能的范式。波茨坦气候影响研究所（Potsdam Institute for Climate Impact Research）的建模师马蒂亚斯·蒙格尔（Matthias Mengel）和安德斯·勒沃曼（Anders Levermann）得出结论，沿海边缘相对较小的冰障或"冰塞"被温水侵蚀后，将以不可逆转的方式释放被限制的威尔克斯地冰川。虽然这一极端的场景不会在本世纪上演，但对于那些能够见证这一场景的几代人来说，这将堪比上新世的冰山舰队。当那一天到来时，世界的所有地图（不仅是查尔斯·威尔克斯的地图），都将沦为历史上的奇思妙想。

对于低海拔的西南极洲来说，海洋冰盖的不稳定性是一个更直接的威胁，因为那里的冰的体积相当于整个格陵兰岛。过去几百万年来，全球海平面的变化主要是由西南极洲冰川沿其海洋盆地的扩张或消退引起的，这意味着未来也会像过去一样。

自 1980 年以来，遥远的热带地区的温暖水域改变了南半球的大气环流，后者将暖空气输送到了南极洲西部，这些气流反过来又推动了所谓的环极深水（Circumpolar Deep Water，CDW）向南。环极深水盐度高，水温高，温度可达 4 摄氏度，并可深至海底，沿海槽移动。环极深水的新边界是阿蒙森海（Amundsen Sea）和别林斯高晋海（Bellingshausen Sea），那里出现了一系列易受温水注入影响的冰架，其中受影响最明显的是位于松岛冰川（Pine Island Glacier）和思韦茨冰川（Thwaites Glacier）前的巨大海上冰架。

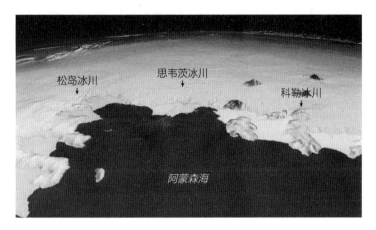

南极洲西部阿蒙森海快速融化的冰川。
来源：美国国家航空和航天局，戈达德太空飞行中心，科学计算可视化工作室。

1992 年后的 20 年里，松岛冰川消退了 30 千米。海洋热量涌入冰架表面，冰川的冰流向海岸的速度增加了一倍，以一种缓慢的方式将冰山推向大海。由于海面之下的反向坡度，这种加速融化的过程也产生了一个反馈回路。现在，冰川的底部位于比 1992 年时深 400 米的海床上，这使得冰川与水的接触面积越来越大，变暖的海水因此会进一步侵蚀冰川。

松岛冰川的近邻思韦茨冰川被《滚石》（Rolling Stone）杂志称为"末日冰川"，它的状况更加令人担忧。思韦茨冰川的面积相当于美国佛罗里达州，如果冰川融化，将会让海平面上升 2 英尺，足以淹没迈阿密和其他许多地方。2018 年，人们在冰川中发现了一个数英里宽的空洞，这里曾有 140 亿吨冰，现在已经全部流入海洋，这表明思韦茨冰川将在本世纪完全消融。现在，一个由不少于 60 人组成的研究团队已经来到阿蒙森海，开始追踪思韦茨冰川的融化状况。国际思韦茨冰川合作组织（International Thwaites Glacier Collaboration）的这一项目是几十年来南极最大规模的单体研究项目。

在冰川迅速融化的情况下，这些冰川的消失将以不可逆的方式破坏整个西南极洲冰盖，从而使威德尔海的基石——龙尼冰架（Ronne Ice Shelf）的东侧露出，罗斯冰架的西侧露出。高于冰点的气温会让冰川表面开始融化，从而在冰架中产生裂缝，而温暖的海洋则会从底部带走冰川碎片。随着时间的推移，冰川中的空隙不断扩张，整个冰盖都会流入周围的海洋。未来，连接阿蒙森海、威德尔海和罗斯海的跨南极海道将会连通（上一次开放还是在上新世），相比于 1840—1841 年的探险者，这将为现在的人提供更为友好的航行机会。正如文艺复兴时期的地理学家所梦想的那样，南极最终会有一片开阔的极地海洋。在罗斯冰架，由于冰川表面软化，内部裂缝张开，嵌入冰上钻孔的地震传感器记录到了令人震惊的振动变化。罗斯冰架正在"轻唱"自己的安魂曲。

这一南极的终局阶段并非首次出现，在沉积记录中可以清楚地观察到其历史上的先例。在上新世，当气候条件与我们现在基本吻合时，罗斯冰架融化了，大量的陆地积冰流入海洋中，淹没了世界各地的海岸线。但是，14000 年前，最后一次冰河时期结束，在西南极洲冰盖对温热环境的敏感性方面，这成了一个相对更新的实例。巴巴多斯（Barbados）和塔希提岛的珊瑚记录表明，全球海平面在不到 500 年的时间里以每百年 5 米的速度上升了 20 米（65 英尺）。究其上升的原因，很大一部分可以追溯到西南极洲。根据 2016 年的一个模型，在变暖的压力下，目前的冰盖将在 2250 年之前再次崩塌。

在预测本世纪海平面上升的问题上，南极冰盖是难以捉摸的。受气温升高的影响，到 2100 年，海平面可能会上升 3 英尺甚至 6 英尺。无论升高多少，到本世纪中叶，应对海平面上升的支出每年都将超过 1 万亿美元。从纽约到亚历山大港（Alexandria）[①]，从上海到孟买（Mumbai），沿海城市的数百万人将被迫离开家园，加入全球多达 2 亿的气候难民队伍。在南极冰盖瓦解引发的人道主义灾难面前，人类过去所有的大规模迁徙都将相形见绌。大西洋中央航线（Middle Passage）也会受到巨大影响。随着海岸线的重新划定，人类的民主进程和人权也将受到威胁，人类的社会契约将被迅速改写。

2100 年以后，随着更多的南极冰川达到崩塌临界点，更多沿海城市将被淹没，海平面的上升不会减速，只会加速。这还不算南极洲东部的巨大内部冰原，因其海拔高度，它并没有对正在上升的浪潮造成多少影响。但这里的巨大冰盖并非无懈可击，当所有仍在地下的可用化石燃料被消耗之后，全球气温将升高至足以使其完全融化，从而最终使海平面上升超过 200 英尺。

几个世纪后，在这场灾难中幸存下来的人类将居住在难以辨认的萎缩大陆，生态系统将会遭到严重破坏。至于我们的后代将会过上怎样的生活，也许 1838 年迪尔维尔遇到的巴塔哥尼亚人的遭遇会给我们提供一些线索。这些生活在火地岛的坚韧的气候勇士部族大多在前往北方的长时间迁徙中发展壮大，却在数千年前被如弹弓一般反弹的气候变化所困：首先是所谓的南极

---

① 埃及的港口城市。——译者注

冷逆转，然后是冰川融化。他们的生活质量极差，生活方式野蛮，生命也很短暂，然后他们就灭绝了。鉴于这些具有启发性的先例，目前南极冰川融化的前景预示着人类的命运将发生巨大的转折。

2017 年 1 月，我所在的南极考察船向西南方向航行，经过"飞鱼"号角。1839 年，威廉·沃克在这里的浮冰带陷入了绝望，随后进入了遥远的阿蒙森海。这条航线上没有商船，也鲜有游客到来。它离任何地方都太远了。我们走近彼得一世岛（Peter the First Island），一个雾蒙蒙的雪穹从浮冰中隆起，曾站在那里的人比站在月球上的人还要少。不过，周围的冰太密集，我们无法登陆。

坚不可摧的浮冰同样使我们被迫远离西南极洲的海岸及其低地冰川。但即使是路过的极地游客，也能清楚地看到这条重要的海岸正在发生的动态变化。一天下午，在明亮的蓝天下，我们误闯到一堆体育场大小的冰山中。它们完美的平顶表明，它们是最近才从松岛冰川和其南部的思韦茨冰川上崩解而出的。近几十年来，由于洋流变化和气温升高，这些水域的冰山增加了 75%。在南极上新世冰川消融期间，这支"冰山舰队"在这些海岸巡逻，当时"未知的南方大陆"脱下冰川外壳，海平面因此上升了数百英尺。瞬间，我们的船显得非常渺小，因为它真的是在躲避冰山。我们就像被派去测试新冰山舰队先遣队实力的侦察兵。

几个无尽的白天后，我们到达了罗斯冰架的东部边缘。随后，我们乘坐橡皮艇出发，探索了鲸湾（Bay of Whales），这是地球上最南端的水域。1912 年，罗尔德·阿蒙森从那里出发，跨越冰架，向南极发起冲锋。他以击败斯科特而闻名，而斯科特则效仿维多利亚时代的前辈们，在埃里伯斯火山和特罗尔火山的注视下，在罗斯冰架的另一侧，同时也是并不适合登陆的那一侧，向南极发起了义无反顾的挑战。

对于来到南极的游客来说，绵延一英里又一英里的高山海岸，无论是其规模还是相似性都足以让他们感到困惑，加上标志性的埃里伯斯火山及所有探险家在此的传说，这让人们有了一种目标感，至少他们能够确定自己已经来到了某个地方。美国、新西兰和意大利的主要科研站都聚集在附近，这些人类的前哨站位于一片无人居住的地表之上。就像 1841 年的罗斯和他的手下一样，我们看到埃里伯斯火山和附近的"大冰障"（可以在一个取景框内拍摄到）时有一种朝圣的感觉。直升机开始加速，我挤在一名苏格兰医生和一名来自西雅图的消防员旁边。飞机向南行进，经过被雪吹得像美国中西部大草原一样平坦的罗斯冰架，我们惊奇地看到了一片在阳光下闪闪发光的开阔水域。有一块大小堪比一座城市的巨大冰架已经与主体分离，正朝着向大海的方向漂去。这种神奇的魅力是无法从船上感受到的。由于后方冰川水流的压力，南极冰架会定期让多余的冰川从自身脱离。但在过去，由于气温比如今高几摄氏度，因此我们脚下的整个罗斯冰架曾多次破裂并漂流到海洋当中，其背后巨量的陆冰也开始碎裂。

我们的飞行员是一个名声在外的牛仔，他自然不会让我们失望。飞机在海峡中以极低的高度飞行，几乎掠过淡蓝色的水面，两边飞驰而过的冰崖都已模糊。我们欢呼着，大笑着，在这种极地冰川的纯粹快感中，很难将注意力集中在遥远的上新世或南极洲可能发出的任何信息上。在这个地球上最不受欢迎的地方，我们为期数月的旅行很难获得真正的快乐。因此，当我们在冰架的裂缝中灵巧穿梭时，我们只能确保自己在这趟千载难逢的旅程中加倍享受——仿佛我们丝毫不在乎整个世界。

致谢

　　非常感谢北半球的斯科特极地研究所、邱园和伊利诺伊大学的图书馆员，还要感谢"奥尔特利乌斯"号（Ortelius）的船长和船员们，感谢他们的南下之旅。我还要感谢吉姆·肯尼特和吉姆·扎科斯，他们对南极海洋钻探项目的回忆让我受益匪浅；感谢英格丽德·格奈里希（Ingrid Gnerlich）和她在普林斯顿大学出版社的同事们，他们所有人保持了超高的专业水准，并且一直对我加以鼓励。我要特别感谢丹尼斯·西尔斯（Dennis Sears）在图像方面的耐心和专业，还要感谢三位匿名审稿人的积极建议和热心更正。最后，我要感谢我的家人，他们不但容忍了我时常在他们的生活中缺席，更糟糕的是，他们还要忍受我这个神游于冰川的旅行者每天的心不在焉。

参考文献

一般参考

Day, David. *Antarctica: A Biography.* Oxford: Oxford University Press, 2013.

Florindo, Fabio, and Martin Siegert. *Antarctic Climate Evolution.* Amsterdam: Elsevier, 2009.

Fogg, G. E. *A History of Antarctic Science.* Cambridge: Cambridge University Press, 1992.

King, J. C., and J. Turner. *Antarctic Meteorology and Climatology.* Cambridge: Cambridge University Press, 1997.

Knox, George A. *Biology of the Southern Ocean.* 2nd ed. Boca Raton: CRC Press, 2007.

Menzies, John (ed.). *Modern and Past Glacial Environments.* Oxford: Butterworth Heinemann, 2002.

Mill, Hugh Robert. *The Siege of the South Pole.* London: A. Rivers, 1905. Prothero, Donald R., and William A. Berggren. *Eocene-Oligocene Climatic and Biotic Evolution.* Princeton: Princeton University Press, 1992.

Riffenburgh, Beau (ed.). *Encyclopaedia of the Antarctic.* New York: Rout- ledge, 2007.

Summerhayes, Colin P. *Earth's Climate Evolution.* Chichester: Wiley-Blackwell, 2015.

Thomas, David N. *Sea Ice.* 3rd ed. Hoboken, NJ: Wiley & Sons, 2017. Walton, David, W. H. (ed). *Antarctica: Global Science from a Frozen Continent.* Cambridge: Cambridge University Press, 2013.

Williams, Tony D. *The Penguins.* Oxford: Oxford University Press, 1995.

一手资料来源

Amundsen, Roald. *The South Pole: An Account of the Norwegian*

Antarctic Expedition in the Fram, 1912-13. Trans. A. G. Chater. London: J. Murray, 1913.

British Antarctic Expedition, 1839-43. Letters and Journals. Public Records Office, Kew.

Darwin, Charles. *Journal of Researches into the Geology and Natural His- tory of the Various Countries Visited by HMS Beagle*. London: H. Colburn, 1839.

D'Urville, Jules-Sébastien Dumont. *Voyage au Pole Sud et dans L'Océanie sur les Corvettes L'Astrolabe et La Zélée. Histoire du Voyage*. 10 vols. Paris: Gide, 1842-45.

Edwards, Philip. *Last Voyages: Cavendish, Hudson, Ralegh; The Original Narratives*. Oxford: Clarendon, 1988.

Erskine, Charles. *Twenty Years before the Mast*. Philadelphia: George W. Jacobs, 1896.

Hooker, Joseph. Papers. Kew Gardens Library.

————. *The Botany of the Antarctic Voyage of H. M. Discovery Ships Ere- bus and Terror in the Years 1839-1843*. 4 vols. London: Reeve Bros., 1847-60.

Huxley, Leonard. *The Life and Letters of Sir Joseph Dalton Hooker*. 2 vols. New York: Appleton, 1918.

Mawson, Douglas. *The Home of the Blizzard: A True Story of Antarctic Survival*. New York: St. Martin's, 1998.

Nordenskjöld, Otto, and Gunnar Andersson. *Antarctica; or, Two Years amongst the Ice of the South Pole*. New York: Macmillan, 1905.

Palmer, J. C. *Thulia: A Tale of the Antarctic*. New York: S. Colman, 1843.

Reynolds, Jeremiah. *Address on the Subject of a Surveying and Exploring Expedition to the Pacific Ocean and South Seas*. New York: Harper & Bros., 1836.

Reynolds, William. *The Private Journal of William Reynolds: United States Exploring Expedition, 1838-1842*, ed. Nathaniel Philbrick and Thomas Philbrick. New York: Penguin, 2004.

Ross, James Clark. *A Voyage of Discovery and Research in the Southern and Antarctic Regions During the Years 1839-43*. 2 vols. London: J. Murray,

1847.

Shackleton, Ernest. *The Heart of the Antarctic.* 2 vols. Philadelphia: Lippincott, 1909.

Stokes, Pringle. "The Journal of HMS *Beagle* in the Strait of Magellan [1827]." In *Four Travel Journals: The Americas, Antarctica and Africa, 1775-1874*, ed. Herbert K. Beals, et al. London: Hakluyt Society, 2007, pp. 141-252.

"Visite de M. l'amiral Duperré, ministre de la marine, au Muséum." *Annales Maritimes et Coloniales* 2.2 (1841): 101-3.

Weddell, James. *A Voyage towards the South Pole: Performed in the Years 1822-24.* London: Longman, 1825.

Wilkes, Charles. *Autobiography*, ed. William James Morgan et al. Washington, DC: Department of the Navy, 1978.

———. *Narrative of the United States Exploring Expedition*, 5 vols. Philadelphia: Lea and Blanchard, 1845.

二手资料来源

Bartlett, Harley Harris. "The Report of the Wilkes Expedition, and the Work of the Specialists in Science." *Proceedings of the American Philosophical Society* 82.5 (1940): 601-705.

Cawood, John. "The Magnetic Crusade: Science and Politics in Early Victorian Britain." *Isis* 70.254 (1979): 493-518.

———. "Terrestrial Magnetism and the Development of International Collaboration in the Early Nineteenth Century." *Annals of Science* 34 (1977): 551-87.

Cohen, Morton. *Lewis Carroll: A Biography.* New York: Vintage, 1996.

Delépine, Gracie. *Les Iles Australes Françaises.* Rennes: Éditions Ouest- France, 1995.

Duyker, Edward. *Dumont D'Urville: Explorer and Polymath.* Honolulu: University of Hawaii Press, 2014.

Fleming, James Rodger. *Meteorology in America, 1800-1870.* Baltimore: Johns Hopkins University Press, 1990.

Goodell, Jeff. "The Doomsday Glacier." *Rolling Stone* 1287 (May 18,

2017): 44-51.

Malin, S. R. C., and D. R. Barraclough. "Humboldt and the Earth's Mag- netic Field." *Quarterly Journal of the Royal Astronomical Society* 32 (1991): 279-93.

Mawer, Granville Allen. *South by Northwest: The Magnetic Crusade and the Contest for Antarctica.* Adelaide: Wakefield, 2006.

McEwan, Colin, Luis A. Borrero, and Alfred Prieto. *Patagonia: Natural History, Prehistory, and Ethnography at the Uttermost Ends of the Earth.* London: British Museum, 1997.

Moss, Chris. *Patagonia: A Cultural History.* Oxford: Oxford University Press, 2008.

Philbrick, Nathaniel. *Sea of Glory: America's Voyage of Discovery; The U.S. Exploring Expedition, 1838-1842.* New York: Viking, 2003.

Riffenburgh, Beau. *Shackleton's Forgotten Expedition: The Voyage of the Nimrod.* New York: Bloomsbury, 2004.

Ross, M. J. *Polar Pioneers: John Ross and James Clark Ross.* Montreal: McGill-Queen's University Press, 1994.

————. *Ross in the Antarctic.* Whitby: Caedmon, 1982.

Stanton, William. *The Great United States Exploring Expedition of 1838- 1842.* Berkeley: University of California Press, 1975.

Viola, Herman, and Carolyn Margolis. *Magnificent Voyagers: The U.S. Exploring Expedition, 1838-42.* Washington, DC: Smithsonian, 1985.

科研资料来源

Acosta Hospitaleche, Carolina. "New Giant Penguin Bones from Ant- arctica: Systematic and Paleobiological Significance." *Comptes Rendus Palevol* 13 (2014): 555-60.

Acosta Hospitaleche, Carolina, Marcelo Reguero, and Alejo Scarano. "Main Pathways in the Evolution of the Paleogene Antarctic *Sphenisciformes.*" *Journal of South American Earth Sciences* 43 (2013): 101-11.

Alley, Richard B., et al. "Oceanic Forcing of Ice-Sheet Retreat: West Ant- arctica and More." *Annual Review of Earth and Planetary Sciences* 43 (2015): 207-31.

Baker, Allan, et al. "Multiple Gene Evidence for Expansion of Extant Penguins out of Antarctica Due to Global Cooling." *Proceedings of the Royal Society* B.273 (2006): 11-17.

Barker, Peter. "A History of Antarctic Cenozoic Glaciation: View from the Margin." In F. Florindo and M. Siegert (eds.), *Antarctic Climate Evolution.* Developments in Earth and Environmental Sciences 8. Amsterdam: Elsevier, 2009, pp. 33-83.

Barker, Peter, et al. "Onset and Role of the Antarctic Circumpolar Current." *Deep-Sea Research II* 54 (2007): 2388-98.

Berger, W. H. "Cenozoic Cooling, Antarctic Nutrient Pump, and the Evolution of Whales." *Deep-Sea Research II* 54 (2007): 2399-2421. Borrero, Luis A. "Human Dispersal and Climatic Conditions during

Late Pleistocene Times in Fuego-Patagonia." *Quaternary International* 53-54 (1999): 93-99.

Borrero, Luis A., and Nora V. Franco. "Early Patagonian Hunter-Gatherers: Subsistence and Technology." *Journal of Anthropological Research* 53 (1997): 219-39.

Breza, J. R., and S. W. Wise Jr. "Lower Oligocene Ice-Rafted Debris on the Kerguelen Plateau: Evidence for East Antarctic Continental Glaciation." In S. W. Wise Jr., R. Schlich, et al. (eds.), *Proceedings of the Ocean Drilling Program, Scientific Results* 120. Washington, DC: Integrated Ocean Drilling Program Management International, 1992, pp. 161-78.

Briones, Claudia, and José L. Lanata (eds.). *Archaeological and Anthropological Perspectives on the Native Peoples of Pampa, Patagonia, and Tierra del Fuego to the Nineteenth Century.* Westport, CT: Bergin & Harvey, 2002.

Carbulotto, A. "New Insights into Quaternary Glacial Dynamic Changes on the George V Land Continental Margin (East Antarctica)." *Quaternary Science Reviews* 25 (2006): 3029-49.

Case, Judd A. "Evidence from Fossil Vertebrates for a Rich Eocene Antarctic Marine Environment." *Antarctic Research Series* 56 (1992): 119-30.

———. "Paleogene Floras from Seymour Island, Antarctic Peninsula." *Geological Society of America* 169 (1988): 523-39.

Chapman, V. J. *Seaweeds and Their Uses*. 2nd ed. London: Methuen, 1970. Chaput, J., et al. "Near-Surface Environmentally Forced Changes in the Ross Ice Shelf Observed with Ambient Seismic Noise." *Geophysical Research Letters* 45 (Oct. 16, 2018): 11,187-96.

Clarke, Julia A., et al. "Fossil Evidence for Evolution of the Shape and Color of Penguin Feathers." *Science* 330 (Nov. 12, 2010): 954-57.

———. "Paleogene Equatorial Penguins Challenge the Proposed Relationship between Biogeography, Diversity, and Cenozoic Climate Change." *Proceedings of the National Academy of Sciences* 104.28 (July 10, 2007): 11545-50.

Coffin, Millard F., et al. "Kerguelen Hotspot Magma Output since 130 Ma." *Journal of Petrology* 43.7 (2002): 1121-39.

Contreras, Lineth, et al. "Early to Middle Eocene Vegetation Dynamics at the Wilkes Land Margin (Antarctica)." *Review of Palaeobotany and Palynology* 197 (2013): 119-42.

Cook, Carys, et al. "Glacial Erosion of East Antarctica in the Pliocene: A Comparative Study of Multiple Marine Sediment Provenance Tracers." *Chemical Geology* 466 (2017): 199-218.

———. "Sea Surface Temperature Control on the Distribution of Far-Traveled Southern Ocean Ice-Rafted Detritus during the Pliocene." *Paleoceanography* 29 (2014): 533-48.

Coronato, A., et al. "Palaeoenvironmental Conditions during the Early Peopling of Southernmost South America (Late Glacial—Early Holocene, 14-8ka B.P.)." *Quaternary International* 53-54 (2002): 77-92.

DeConto, Robert M., and David Pollard. "Contribution of Antarctica to Past and Future Sea-Level Rise." *Nature* 531 (2016): 591-97.

Deschamps, Pierre, et al. "Ice-Sheet Collapse and Sea-Level Rise at the Bølling Warming 14,600 Years Ago." *Nature* 483 (2012): 559-64.

Dillehay, Tom D., et al. "New Archaeological Evidence for an Early Human Presence at Monte Verde, Chile." *Public Library of Science* 10.12 (2015): e0141923.

Ding, Qinghua, et al. "Winter Warming in West Antarctica Caused by Central Tropical Pacific Warming." *Nature Geoscience* 4 (2011): 398-403.

Drewry, David J. "Radio Echo Sounding Map of Antarctica." *Polar*

Rec- ord 17.109 (1975): 359-74.

Ehrmann, W. U., M. J. Hambrey, J. G. Baldauf, J. Barron, B. Larsen, A. Mackensen, S. W. Wise Jr., and J. C. Zachos. "History of Antarctic Glaciation: An Indian Ocean Perspective." *Synthesis of Results from Scientific Drilling in the Indian Ocean.* Geophysical Monograph 70. Washington, DC: American Geophysical Union, 1992.

Eisen, O., and C. Kottmeier. "On the Importance of Leads in Sea Ice to the Energy Balance and Ice Formation in the Weddell Sea." *Journal of Geophysical Research* 105 (2000): 14,045-60.

Erlandson, Jon M., et al. "Ecology of the Kelp Highway: Did Marine Resources Facilitate Human Dispersal from Northeast Asia to the Americas?" *Journal of Island & Coastal Archaeology* 10 (2015): 392-411.

————. "How Old Is MVII? Seaweeds, Shorelines, and the Pre-Clovis Chronology at Monte Verde, Chile." *Journal of Island & Coastal Archaeology* 3 (2008): 277-81.

————. "The Kelp Highway Hypothesis: Marine Ecology, the Coastal Migration Theory, and the Peopling of the Americas." *Journal of Is- land & Coastal Archaeology* 2 (2007): 161-74.

Escutia, Carlota, Henk Brinkhuis, and the Expedition 318 Scientists. "From Greenhouse to Icehouse at the Wilkes Land Antarctic Margin: IODP Expedition 318 Synthesis of Results." Ruediger Stein, Donna K. Blackman, Fumio Inagaki, and Hans-Christian Larsen (eds.), *Developments in Marine Geology* 7 (2014): 295-328.

Escutia, Carlota, Henk Brinkhuis, A. Klaus, and the Expedition 318 Scientists. *Proceedings of the Integrated Ocean Drilling Program* 318. Washington, DC: Integrated Ocean Drilling Program Management International, 2011.

Evans, Michael E., and Friedrich Heller. *Environmental Magnetism: Principles and Applications of Environmagnetics.* San Diego: Academic, 2003.

Falkowski, Paul G. "The Evolution of Modern Eukaryotic Phytoplank-ton." *Science* 305 (2004): 354-60.

Feldmann Johannes, and Anders Levermann. "Collapse of the West Antarctic Ice Sheet after Local Destabilization of the Amundsen Basin."

Proceedings of the National Academy of Science 112.46 (2015): 14191-96.

Fordyce, Ewan. "Whale Evolution and Oligocene Southern Ocean Environments." *Palaeogeography, Palaeoclimatology, Palaeoecology* 31 (1980): 319-36.

Francis, J. E., D. Pirrie, and J. A. Crame (eds). *Cretaceous-Tertiary High- Latitude Palaeoenvironments: James Ross Basin, Antarctica.* London: Geological Society, 2006.

Frankel, Henry R. *The Continental Drift Controversy: Paleomagnetism and Confirmation of Drift.* Cambridge: Cambridge University Press, 2012.

Fraser, Ceridwen I. 2009. "Kelp Genes Reveal Effects of Sub-Antarctic Sea Ice during Last Glacial Maximum." *Proceedings of the National Academy of Sciences* 106.9 (2009): 3249-53.

Goebel, Ted, et al. "The Late Pleistocene Dispersal of Modern Humans in the Americas." *Science* 319 (2008): 1497-1502.

Gordon, Arnold L. "Western Weddell Sea Thermohaline Stratification," in *Ocean, Ice, and Atmosphere: Interactions at the Antarctic Continental Margin*, ed. Stanley Jacobs and Ray Weiss. Washington, DC: 1998, pp. 215-40.

Gordon, Arnold L., et al. "Deep and Bottom Water of the Weddell Sea's Western Rim." *Science* 262 (1993): 95-97.

Graf, Kelly E., Caroline V. Ketron, and Michael R. Waters (eds.). *Paleoamerican Odyssey.* College Station: Texas A&M University Press, 2014.

Graham, Michael H., et al. "Ice Ages and Ecological Transitions on Temperate Coasts." *Trends in Ecology and Evolution* 18.1 (2003): 33-40.

Griffiths, D. H., and R. F. King. "Natural Magnetization of Igneous and Sedimentary Rocks." *Nature* 173 (June 12, 1954): 1114-17.

Hansen, Melissa A. and Sandra Passchier. "Oceanic Circulation Changes during Early Pliocene Marine Ice-Sheet Instability in Wilkes Land, East Antarctica." *Geo-Marine Letters* 37 (2017): 207-13.

Hauer, Matthew E. "Migration Induced by Sea-Level Rise Could Reshape the U.S. Population Landscape." *Nature Climate Change* 7 (2017): 321-25.

Heimann, A., et al. "A Short Interval of Jurassic Continental Flood Basalt Volcanism in Antarctica as Demonstrated by 40Ar/39Ar

Geochronology." *Earth and Planetary Science Letters* 121 (1994): 19-41.

Hellegatte, Stephane, et al. "Future Flood Losses in Major Coastal Cities." *Nature Climate Change* 3 (2013): 802-6.

Hernandez, Miquel, et al. "Fuegian Cranial Morphology: The Adaptation to a Cold, Harsh Environment." *American Journal of Physical Anthropology* 103 (1997): 103-17.

Initial Reports of the Deep Sea Drilling Project, vol. 21. Washington, DC: National Science Foundation, 1973.

Initial Reports of the Deep Sea Drilling Project, vol. 29. Washington, DC: National Science Foundation, 1975.

Irving, E. "Palaeomagnetic and Palaeoclimatological Aspects of Polar Wandering." *Geofisica Pura e Applicata* 33.1 (1956): 23-41.

Jablonski, Nina G. (ed.). *The First Americans: The Pleistocene Colonization of the New World.* San Francisco: California Academy of Sciences, 2002.

Jadwiszczak, Piotr. "Partial Limb Skeleton of a "Giant Penguin" *Anthropornis* from the Eocene of Antarctic Peninsula." *Polist Polar Research* 33.3 (2012): 259-74.

———. "Penguin Past: The Current State of Knowledge." *Polish Polar Research* 30.1 (2009): 3-28.

Jadwiszczak, Piotr, and Thomas Mors. "Aspects of Diversity in Early Ant- arctic Penguins." *Acta Palaeontologica Polonica* 56.2 (2011): 269-77.

Jamieson, S.S.R., and D. E. Sugden. "Landscape Evolution of Antarctica." In *Antarctica: A Keystone in a Changing World,* ed. A. K. Cooper, et al. Washington, DC: National Academies Press, 2008, p.39-54.

Jevrejeva, Svetlana, et al. "Coastal Sea Level Rise with Warming above 2°C." *Proceedings of the National Academy of Science* 113.47 (Nov. 22, 2016): 13,342-47.

Jones, David A., and Ian Simmonds. "A Climatology of Southern Hemi- sphere Extra-tropical Cyclones." *Climate Dynamics* 9 (1993): 131-45. Jordan, Richard W. and Catherine E. Stickley. "Diatoms as Indicators of Paleoceanographic Events." In John P. Smol and Eugene F. Stoermer (eds.), *The Diatoms: Applications for the Environmental and Earth Sciences,* 2nd ed. Cambridge: Cambridge University Press, 2010, pp. 424-53.

Jordan, T. A. "Hypothesis for Mega-Outburst Flooding from a Palaeo-Subglacial Lake beneath the East Antarctic Ice Sheet." *Terra Nova* 22 (2010): 283-89.

Joughin, Ian, et al. "Marine Ice Sheet Collapse Potentially Under Way for the Thwaites Glacier Basin, West Antarctica." *Science* 344 (2014): 735-38.

Kennett, James P. "Cenozoic Evolution of Antarctic Glaciation, the Circum-Antarctic Ocean, and Their Impact on Global Paleoceanography." *Journal of Geophysical Research* 82.27 (1977): 3843-60.

―――. "Recognition and Correlation of the Kapitean Stage (Upper Miocene, New Zealand)." *New Zealand Journal of Geology and Geo- physics* 10 (1967): 1051-63.

Kennett, James P., and Stanley V. Margolis. "Antarctic Glaciation during the Tertiary Recorded in Sub-Antarctic Deep-Sea Cores." *Science* 170.3962 (1970): 1085-87.

Kennett, James P., and Nicholas Shackleton. "Oxygen Isotopic Evidence for the Development of the Psychrosphere 38Myr ago." *Nature* 260 (1976): 513-15.

Kennett, James P., et al. "Australian-Antarctic Continental Drift, Palaeocirculation Changes and Oligocene Deep-Sea Erosion." *Nature: Physical Science* 239 (1972): 51-5.

―――. "Development of the Circum-Antarctic Current." *Science* 186.4159 (1974): 144-47.

Khazendar, Ala, et al. "Rapid Submarine Ice Melting in the Grounding Zones of Ice Shelves in West Antarctica." *Nature Communications* 7 (Oct. 25, 2016).

Ksepka, Daniel T., and Tatsuro Ando. "Penguins Past, Present, and Future: Trends in the Evolution of the *Sphenisciformes*." In Gareth Dyke and Gary Kaiser (eds.), *Living Dinosaurs: The Evolutionary History of Modern Birds*. New York: John Wiley and Sons, 2011, pp. 155-86.

Ksepka, Daniel T., Sara Bertelli, and Norberto P. Giannini. "The Phylogeny of the Living and Fossil *Sphenisciformes* (Penguins)." *Cladistics* 22 (2006): 412-41.

Lamb, H. H. " The Southern Westerlies: A Preliminary Survey, Main

Characteristics, and Apparent Associations." *Quarterly Journal of the Royal Meteorological Society* 85.363 (1959): 1-23.

Livermore, Roy, et al. "Drake Passage and Cenozoic Climate: An Open and Shut Case?" *Geochemistry, Geophysics, Geosystems* 8.1 (2007): Q01005.

Loewe, F. "The Land of Storms." *Weather* 27.3 (1972): 110-12.

Madsen, D. B. (ed.). *Entering America: Northeast Asia and Beringia be- fore the Last Glacial Maximum.* Salt Lake City: University of Utah Press, 2004.

Maher, Barbara A. "Environmental Magnetism and Climate Change." *Contemporary Physics* 48.5 (2007): 247-74.

Marsh, Oliver J., et al. "High Basal Melting Forming a Channel at the Grounding Line of Ross Ice Shelf, Antarctica." *Geophysical Research Letters* 43 (Jan. 14, 2016).

Mengel, M., and A. Levermann. "Ice Plug Prevents Irreversible Discharge from East Antarctica." *Nature Climate Change* 4 (June 2014): 451-55.

Milillo, P., et al. "Heterogenous Retreat and Ice Melt of Thwaites Glacier, West Antarctica." *Science Advances* 5.1 (2019).

Miller, Eric R. "American Pioneers in Meteorology." *Monthly Weather Review* (1933) 61.7 (1933): 189-93.

Miller, Kenneth G. "Climate Threshold at the Eocene-Oligocene Transition: Antarctic Ice Sheet Influence on Ocean Circulation." In C. Koeberl and A. Montanari (eds.), *The Late Eocene Earth: Hot- house, Icehouse, and Impacts.* GSA Special Papers 452. Boulder, CO: Geological Society of America, 2009, pp. 169-78.

Mouginot, J., et al. "Sustained Increase in Ice Discharge from the Amundsen Sea Embayment, West Antarctica, from 1973 to 2013." *Geophysical Research Letters* 41 (2014): 1576-84.

Naish, T., et al. "Obliquity-Paced Pliocene West Antarctic Ice Sheet Oscillations." *Nature* 458 (2009): 322-29.

Nicholls, Robert J., et al. "Sea-Level Rise and Its Possible Impacts Given a 'Beyond 4°C World' in the Twenty-First Century." *Philosophical Transactions of the Royal Society* 369 (2011): 161-81.

Nicolaysen, K., et al. "40Ar/39Ar Geochronology of Flood Basalts from the Kerguelen Archipelago, Southern Indian Ocean: Implications for

Cenozoic Eruption Rates of the Kerguelen Plume." *Earth and Planetary Science Letters* 174 (2000): 313-28.

Noback, Marlijn L., et al. "Climate-Related Variation of the Human Nasal Cavity." *American Journal of Physical Anthropology* 145 (2011): 599-614.

Ohneiser, C., et al. "Characterisation of Magnetic Minerals from South- ern Victoria Land, Antarctica." *New Zealand Journal of Geology and Geophysics* 58.1 (2015): 52-65.

Parish, Thomas. "The Katabatic Winds of Cape Denison and Port Martin." *Polar Record* 20.129 (1981): 525-32.

———. 1984. "A Numerical Study of Strong Katabatic Winds over Antarctica." *Monthly Weather Review* 112 (1984): 545-54.

———. "On the Interaction between Antarctic Katabatic Winds and Tropospheric Motions in the High Southern Latitudes." *Australian Meteorological Magazine* 40 (1992): 149-67.

———. 1987. "The Surface Windfield over the Antarctic Ice Sheets." *Nature* 328 (1987): 51-4.

Parish, Thomas, and David H. Bromwich. "Re-examination of the Near Surface Airflow over the Antarctic Continent and Implications on At- mospheric Circulations at High Southern Latitudes." *Monthly Weather Review* 135 (2007): 1961-73.

Parish, Thomas, and Richard Walker. "A Re-examination of the Winds of Adélie Land, Antarctica." *Australian Meteorological Magazine* 55 (2006): 105-17.

Patterson, M. O., et al. "Orbital Forcing of the East Antarctic Ice Sheet during the Pliocene and Early Pleistocene." *Nature Geoscience* 7 (Nov. 2014): 841-47.

Pennycuick, C. J. "The Flight of Petrels and Albatrosses (*Procellari- iformes*), Observed in South Georgia and Its Vicinity." *Philosophical Transactions of the Royal Society of London* 300 (1982): 75-106.

Piana, Ernesto L., and Luis A. Orquera. "The Southern Top of the World: The First Peopling of Patagonia and Tierra del Fuego and the Cultural Endurance of the Fuegian Sea-Nomads." *Arctic Anthropology* 46.1-2 (2009): 103-17.

Pierce, Elizabeth L. "Evidence for a Dynamic East Antarctic Ice Sheet during the Mid-Miocene Climate Transition." *Earth and Planetary Science Letters* 478 (2017): 1-13.

Pitulko, V. V., et al. "The Yana RHS Site: Humans in the Arctic before the Last Glacial Maximum." *Science* 303 (2004): 52-56.

Pollock, David E. "The Role of Diatoms, Dissolved Silicate and Antarctic Glaciation in Glacial/Interglacial Climatic Change: A Hypothesis." *Global and Planetary Change* 14 (1997): 113-25.

Pritchard, H. D., et al. "Antarctic Ice-Sheet Loss Driven by Basal Melting of Ice Shelves." *Nature* 484 (2012): 502-5.

Redfield, William C. "Remarks on the Prevailing Storms of the Atlantic Coast, of the North American States." *American Journal of Science and Arts* 20.1 (1831): 17-53.

Reid, William. *An Attempt to Develop the Law of Storms by Means of Facts.* London: J. Weale, 1838.

Reinardy, B.T.I., et al. "Repeated Advance and Retreat of the East Antarctic Ice Sheet on the Continental Shelf during the Early Pliocene Warm Period." *Palaeogeography, Palaeoclimatology, Palaeoecology* 422 (2015): 65-84.

Rignot, Eric, et al. "Widespread, Rapid Grounding Line Retreat of Pine Island, Thwaites, Smith, and Kohler Glaciers, West Antarctica, from 1992 to 2011." *Geophysical Research Letters* 41 (2014): 3502-9.

Roberts, Andrew, et al. "Environmental Magnetic Record of Paleoclimate, Unroofing of the Transantarctic Mountains, and Volcanism in Late Eocene to Early Miocene Glaci-Marine Sediments from the Victoria Land Basin, Ross Sea, Antarctica." *Journal of Geophysical Re- search: Solid Earth* 118 (2013): 1845-61.

Runcorn, S. K. "Climatic Change through Geological Time in the Light of the Palaeomagnetic Evidence for Polar Wandering and Continental Drift." *Royal Meteorological Society Quarterly Journal* 87.373 (1961): 282-313.

Ruskin, John. "Remarks on the Present State of Meteorological Science." *Transactions of the Meteorological Society* 1 (1839): 56-59.

Sabine, Edward. *An Account of Experiments to Determine the Figure of the Earth.* London: J. Murray, 1825.

————. "On Periodical Laws Discoverable in the Mean Effects of the Larger Magnetic Disturbances." Pts. 1 and 2. *Philosophical Transactions of the Royal Society of London* 141 (1851): 123-39; 142 (1852): 103-24.

————. "On What the Colonial Magnetic Observatories Have Accomplished." *Proceedings of the Royal Society of London* 8 (1856-57): 396-413.

————. "Report on the Variations of the Magnetic Intensity Observed at Different Points on the Earth's Surface." *Report of the Seventh Meeting of the British Association for the Advancement of Science, 1837.* London: J. Murray, 1838.

Sagnotti, Leonardo, et al. "Environmental Magnetic Record of Antarctic Palaeoclimate from Eocene/Oligocene Glaciomarine Sediments, Victoria Land Basin." *Geophysical Journal International* 134 (1998): 653-62.

————. "Environmental Magnetic Record of the Eocene-Oligocene Transition in CRP-3 Drillcore, Victoria Land Basin, Antarctica." *Terra Antartica* 8.4 (2001): 507-16.

Sangiorgi, Francesca, et al. "Southern Ocean Warming and Wilkes Land Ice Sheet Retreat during the Mid-Miocene." *Nature Communications* 9 (2018).

Scott, Ryan C., et al. "Meteorological Drivers and Large-Scale Climate Forcing of West Antarctic Surface Melt." *Journal of Climate* 32.3 (2019): 665-84.

Simpson, G. G. "Review of Fossil Penguins from Seymour Island." *Proceedings of the Royal Society of London* B.178 (1971): 357-87.

Spear, Larry B., and David G. Ainley. "Flight Behaviour of Seabirds in Relation to Wind Direction and Wing Morphology." *Ibis* 139 (1997): 221-33.

Stickley, Catherine, et al. "Timing and Nature of the Deepening of the Tasmanian Gateway." *Paleoceanography* 19 (2004): PA4027.

Stonehouse, Bernard. *The Biology of Penguins.* London: Macmillan, 1975.

Sugden, D. E., et al. "Late-Glacial Glacier Events in Southernmost South America: A Blend of 'Northern' and 'Southern' Hemispheric Climatic Signals?" *Geografiska Annaler* 87A (2005): 273-88.

Thomas, Daniel B., Daniel T. Ksepka, and R. Ewan Fordyce. "Penguin Heat-Retention Structures Evolved in a Greenhouse Earth." *Biology Letters* 7 (2011): 461-64.

Timmermann, R., et al. "The Role of Sea Ice in the Fresh-Water Budget of the Weddell Sea, Antarctica." *Annals of Glaciology* 33 (2001): 419-24.

Vine, F. J., and D. H. Matthews. "Magnetic Anomalies over Oceanic Ridges." *Nature* 4897 (Sept. 7, 1963): 947-49.

Wang, Sijia, et al. "Genetic Variation and Population Structure in Native Americans." *PLoS Genetics* 3.11 (2007): 2049-67.

Wei, Wuchang, et al. "Paleoceanographic Implications of Eocene-Oligocene Calcareous Nannofossils from Sites 711 and 748 in the Indian Ocean." In S. W. Wise Jr. and R. Schlich, et al. (eds.), *Proceedings of the Ocean Drilling Program, Scientific Results* 120 (1992): 979-99.

Wendler, Gerd, et al. "On the Extraordinary Katabatic Winds of Adélie Land." *Journal of Geophysical Research* 102 (1997): 4463-74.

Wilson, Gary S. "Magnetobiostratigraphic Chronology of the Eocene-Oligocene Transition in the CIROS-1 Core, Victoria Land Margin, Antarctica: Implications for Antarctic Glacial History." *Geological Society of America Bulletin* 110.1 (1998): 35-47.

Winkelmann, Ricarda, et al. "Combustion of Available Fossil Fuel Resources Sufficient to Eliminate the Antarctic Ice Sheet." *Science Advances* 1.8 (Sept. 4, 2015).

Wise, Sherwood W., Jr., James R. Breza, David M. Harwood, and Wuchang Wei. "Paleogene Glacial History of Antarctica." In D. W. Muller, J. A. McKenzie, and H. Weissert (eds.), *Controversies in Modern Ge- ology: Evolution of Geological Theories in Sedimentology, Earth History, and Tectonics.* London: Academic, 1991, pp. 133-72.

Woodburne, Michael O., and Judd Case. "Dispersal, Vicariance, and the Late Cretaceous to Early Tertiary Land Mammal Biogeography from South America to Australia." *Journal of Mammalian Evolution* 3.2 (1996): 121-61.

Young, Duncan A., et al. "A Dynamic Early East Antarctic Ice Sheet Suggested by Ice-Covered Fjord Landscapes." *Nature* 474 (June 2, 2011): 72-75.

Zachos, James C., William A. Berggren, Marie-Pierre Aubry, and Andreas Mackensen. "Isotope and Trace Element Geochemistry of Eocene and Oligocene Foraminifers from Site 748, Kerguelen Plateau." In S. W. Wise Jr. and R. Schlich, et al. (eds.), *Proceedings of the Ocean Drilling Program,*

Scientific Results 120. Washington, DC: Integrated Ocean Drilling Program Management International, 2011, pp. 839-54.

Zachos, James C., James R. Breza, Sherwood W. Wise. "Early Oligocene Ice-Sheet Expansion on Antarctica: Stable Isotope and Sedimentological Evidence from Kerguelen Plateau, Southern Indian Ocean." *Geology* 20 (1992): 569-73.

Zachos, James C., et al. "Abrupt Climate Change and Transient Climates during the Paleogene: A Marine Perspective." *Journal of Geology* 101 (1993): 191-213.

Zinsmeister, William J. "Biogeographic Significance of the Late Mesozoic and Early Tertiary Molluscan Faunas of Seymour Island (Antarctic Peninsula) to the Final Breakup of Gondwanaland." In *Historical Biogeography, Plate Tectonics, and the Changing Environment,* ed. Jane Gray and Arthur J. Boucot. Corvallis: Oregon State University Press, 1976, pp. 349-55.

———. "Early Geological Exploration of Seymour Island, Antarctica." *Geological Society of America* 169 (1988): 1-16.

大事年表

南极探索 1772—1917 年：从詹姆斯·库克到英雄时代

本书讲述了 1838—1842 年探索者们前往南极航行的故事，当时英国、法国和美国的指挥官竞相前往南极点。这是针对南极洲的第一次重大科学研究考察，而这些维多利亚时代早期的探险家为我们从现代角度理解白色大陆、冰川历史，以及至关重要的南极冰盖的未来奠定了基础。

1772 年　　伊夫·约瑟夫·凯尔盖朗（Yves-Joseph Kerguelen）在印度洋的亚南极水域看到了"荒芜之岛"（Desolation Island）。

1773 年　　詹姆斯·库克（James Cook）首次穿越南极圈；他在南纬 67 度 15 分处到达冰原后返回。

1774 年　　库克到达西南极洲海岸，创下了到达南纬 71 度 10 分的南行纪录。

1820 年　　戈特利布·冯·别林斯高晋（Gottlieb von Bellinghausen）率领一支由俄罗斯资助的探险队，在距离芬布尔冰架（Fimbul ice shelf）20 英里的范围内航行，这是有记录以来首次发现南极大陆。

1823 年 詹姆斯·威德尔（James Weddell）从大西洋南设得兰群岛（South Shetland Islands）向南航行，创下了到达南纬 74 度 15 分的新纪录。

1832 年 捕鲸业巨头塞缪尔·恩德比（Samuel Enderby）资助了约翰·比斯科（John Biscoe）带领的探险队，后者发现了南极半岛北部，现在这里被称为格雷厄姆地（Graham Land）。

1836 年 美国国会批准为一次大规模的探险活动提供资金，包括到南极的探索任务。

1837 年 1 月，太平洋探险家迪蒙·迪尔维尔（Dumont D'Urville）向法国国王路易·菲利普一世（Louis Philippe）提议进行第三次南半球航行。迪尔维尔收到的命令包括探索南极。
9 月，法国船只"星盘"号（Astrolabe）和"信女"号（Zélée）从土伦起航。

1838 年 1 月，迪尔维尔进行第一次南极探险时，在威德尔海被浮冰围困。
8 月，查尔斯·威尔克斯（Charles Wilkes）指挥的美国探险队从弗吉尼亚州的诺福克（Norfolk）出发。

1839 年 2 月，英国首相墨尔本勋爵（Lord Melbourne）批准成立英国南极探险队，由詹姆斯·罗斯（James Clark

Ross）指挥；在塔斯马尼亚岛以南航行的海豹猎人约翰·巴莱尼（John Balley）在南纬 65 度处瞥见了东南极洲海岸。

3 月，美国探险队首次进行南极考察。双桅纵帆船"飞鱼"号（Flying Fish）在西南极洲接近了库克的纪录。

9 月，英国极地探险船"幽冥"号（Erebus）和"惊恐"号（Terror）从马尔盖特（Margate）起航。

12 月，威尔克斯探险队离开悉尼前往南极；迪尔维尔的船从霍巴特向南航行。

1840 年   1 月，美国探险队和法国探险队曾在东南极洲海岸短暂相遇。法国人在南极洲登陆并升起三色旗。威尔克斯将 1500 英里的海岸线绘制成图。

3 月，英国南极探险队探索凯尔盖朗岛。

11 月，"星盘"号和"信女"号回到法国；罗斯从霍巴特前往南极。

12 月，美国总统马丁·范布伦（Martin Van Buren）在国情咨文中宣布美国发现南极洲。

1841 年   1 月，英国探险队探索罗斯海（Ross Sea），在埃里伯斯火山（Mount Erebus）以南纬 78 度 9 分创造了向南航行的纪录。

12 月，迪尔维尔南极航行故事的第一卷在巴黎出版；罗斯重返南极，但并没有比他第一次探索南极时做得更好。南极探险进入了一个漫长的间歇期。

1898 年 挪威的斯滕·博尔赫格雷文克（Carsten Borchgrevink）是第一位"英雄时代"的探险家，他是自詹姆斯·罗斯以来第一位去到南纬 78 度以南的探险家。他在阿代尔角（Cape Adare）越冬。

1901
—
1903 年 由奥托·诺登斯克尔德（Otto Nordenskjöld）率领的瑞典探险队在南极半岛（Antarctic Peninsula）度过了两个冬天，取得了杰出的科学成果。

1901
—
1904 年 罗伯特·斯科特（Robert Scott）沿着罗斯的路线，搭乘"发现"号（Discovery）进行了第一次南极探险，他在陆地上前往南纬 82 度 17 分进行探索。

1907 年 欧内斯特·沙克尔顿（Ernest Shackleton）的第一次探险是率领"尼姆罗德"号（Nimrod）前往南极，但距离南极还有 97 英里时被迫返回。探险队的北方团队，包括澳大利亚的道格拉斯·莫森（Douglas Mawson），是第一个登上埃里伯斯火山并到达南极的团队。

1910 年 挪威人罗尔德·阿蒙森（Roald Amundsen）和英国人罗伯特·斯科特展开竞争。阿蒙森于 1911 年 12 月 14 日率先抵达南极。一个月后，斯科特抵达南极，但他和 4 名同伴在返程中丧生。

1911 年 道格拉斯·莫森的澳大利亚探险队是继迪蒙·迪尔维尔和查尔斯·威尔克斯之后首次探索东南极洲海岸的

探险队。

1914 年　当"坚韧"号（Endurance）被困在威德尔海的浮冰中时，沙克尔顿穿越南极大陆的尝试就此宣告失败。沙克尔顿手下的人幸存下来，但他的罗斯海探险队（为一次从未实现的旅程准备了物资）在 1917 年 1 月获得营救之前有 3 人丧生。南极探险的"英雄时代"至此结束。